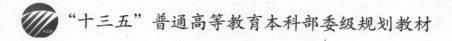

"十三五"普通高等教育本科部委级规划教材

茶艺赏析

周爱东　主　编

马淳沂　林晓虹　副主编

U0242234

中国纺织出版社有限公司

图书在版编目（CIP）数据

茶艺赏析 / 周爱东主编 . -- 北京：中国纺织出版社有限公司，2019.10（2024.2重印）

"十三五"普通高等教育本科部委级规划教材

ISBN 978-7-5180-6219-5

Ⅰ . ①茶… Ⅱ . ①周… Ⅲ . ①茶艺 – 高等学校 – 教材

Ⅳ . ① TS971.21

中国版本图书馆 CIP 数据核字（2019）第 098461 号

责任编辑：舒文慧　　　　特约编辑：范红梅　　　　责任校对：王蕙莹
责任印制：王艳丽　　　　封面设计：NZQ　　　　　版式设计：天地鹏博

中国纺织出版社有限公司出版发行
地址：北京市朝阳区百子湾东里 A407 号楼　邮政编码：100124
销售电话：010—67004422　传真：010—87155801
http://www.c-textilep.com
E-mail: faxing@c-textilep.com
中国纺织出版社天猫旗舰店
官方微博 http://weibo.com/2119887771
天津千鹤文化传播有限公司印刷　各地新华书店经销
2019 年 10 月第 1 版　2024年2月第3次印刷
开本：710×1000　1/16　印张：14
字数：200 千字　定价：42.00 元

前　言

　　茶，发于神农氏，闻于鲁周公。茶作为食物的历史非常久远了，但茶艺的出现却比较迟。从现有的历史记载来看，魏晋时期出现茶艺的萌芽，唐代茶艺才逐渐流行，宋代开始出现专职的茶艺师，明清时期，茶艺成为文人的游戏，与普通民众的生活渐渐拉开了距离。

　　20世纪70年代前后，中国台湾的茶人们提出复兴中国的茶文化，并且提出了区别于日本"茶道"的"茶艺"一词。在茶人们身体力行的推动下，也由于中国经济发展的助力，茶艺的发展可谓是如火如荼，由台湾而及大陆，复由中国而影响海外。在茶文化的诸多研究领域里，茶艺是一个非常重要的载体，它既是文化休闲的一种非常中国化的高雅形式，又是茶叶、茶具的最主要和最世俗的展示平台。应该说，"茶艺"这个词非常准确，相对于日本的"茶道"，中国的"茶艺"更侧重于表演、游戏，在最近十多年的发展中，也有一些新的内容，但还是在"艺"的范畴里。从发展的现状来看，最近十年茶艺在中国大陆的普及程度超过历史上的任何一个时期。在国家公务活动中，茶艺作为传统文化的形象之一频频出现；在国民的休闲生活中，茶艺作为修身养性的一种艺能。大多数人不一定涉及到艺的方面，他们把优雅地饮茶当成一种生活方式。

　　本书不同于一般的茶艺教材，不以茶艺表演为中心，而是力图通过对与茶艺相关的文化元素的讲解分析来使读者理解茶艺的形式与现状。中国茶艺萌芽于汉晋，成形于唐宋，最后成熟是在明清时期。在这2000多年里，茶艺形成了独特的文化，发展了多种形式，这些历史的积淀成为现代茶艺发展的重要基础。事实上，现代茶艺大部分是在历史的基础上发展延伸的。有鉴于此，虽然本书的编写是为了服务于现实的，我还是觉得有必要将茶艺发展的历史脉络展现出

1

来，使读者能对中国茶艺有一个整体认识，理解茶艺形式与内容之间的关系，而不至于把现代茶艺仅仅看作是一个作秀的形式。

本书分茶艺之路、茶类之品、茶具之美、泉水之味、茶境之别、分类茶艺、茶饮宜忌七个部分，都是围绕着茶艺来谈的，或者说这七个部分共同构成了中国茶艺。其他关于文学、宗教等与茶艺之间的关系，都在需要的时候穿插在相关的章节里了。作为中国饮食文化的一个重要组成部分，茶艺与食文化的发展是紧密联系的，因此，我在编写时希望将这个问题谈得多一些，但到具体写作时才发现，古代的相关资料非常地缺乏，而近现代以来，关于专门的茶食的研究也不是很多，我只好古今杂陈地写出来。这部分内容不是太多，单列一章显得单薄了点，于是与饮茶的宜忌合为一章，幸而相互之间还是有点关联的。希望这部分不会成为蛇足。分类茶艺中的部分内容，如今在茶人圈里已经淘汰，但作为茶艺师考核的技能还在使用。考虑到本书是供饮食服务类专业使用的教材，学生们可能有考茶艺师证的需要，那些内容也都保留着。

本书是我在扬州大学开设《茶艺赏析》课程的讲稿修改而成，2008年初版。此课程开讲近二十年，讲稿也几经修改，这次修订出版邀请了行业内的两位专家共同参与，添加了一些新内容。马淳沂先生是镇江雨泰茶业有限公司总经理、镇江市中艺教育培训中心负责人，具备高级农艺师、一级评茶技师和一级茶艺技师等资格、历任省市茶艺师职业技能大赛裁判员。林晓虹女士是浙江大学农业硕士，具备一级茶艺技师、一级评茶技师、国家茶艺竞赛裁判员、国家评茶竞赛裁判员、国家职业技能鉴定（茶艺＆评茶）高级考评员资格，历任国际武林斗茶大赛裁判、国际工夫茶冲泡大赛裁判、国家茶馆等级评定高级培训讲师，同时是益健源茶业联合创始人、晓茗道茶文化传播有限公司创始人。两位老师长期工作在专业第一线，无论是在茶叶生产还是在茶艺方面都有很深的造诣，感谢两位老师对这本教材的支持。

书中的观点大部分是学术界已经形成共识的，我只是拿来加以重新组合了，如有可观之处，都是前辈学者们的贡献。还有一些是我个人在长期的教学与实践中得出的观点，不可避免有地域和知识方面的局限，希望能够抛砖引玉。

周爱东

2019 年 8 月

《茶艺赏析》教学内容及课时安排

章／课时	课程性质／课时	节	课程内容
第一章 （6课时）	文化背景 （6课时）		·茶艺之路
		一	茶艺的萌芽期
		二	茶艺的成形期
		三	茶艺的发展期
		四	茶艺的成熟期
第二章 （8课时）	茶艺构成 （24课时）		·茶类之品
		一	团饼茶的品评
		二	散茶的品评
		三	茶叶的取用与保管
第三章 （6课时）			·茶具之美
		一	主要茶具
		二	辅助茶具
		三	茶具赏鉴
第四章 （4课时）			·泉水之味
		一	唐代对水的认识
		二	宋元时代对水的认识
		三	明清时代对水的认识
		四	现代茶艺对水的认识
		五	历代著名泉水
第五章 （6课时）			·茶境之别
		一	茶侣
		二	心情
		三	物境
第六章 （10课时）	茶艺实践 （14课时）		·分类茶艺
		一	茶艺基础
		二	文士茶艺
		三	佛道茶艺
		四	宫廷茶艺
		五	民俗茶艺
第七章 （4课时）			·茶饮宜忌
		一	茶的功效
		二	茶的禁忌
		三	茶食搭配

目 录

第一章

茶艺之路

本章内容： 介绍茶艺发展的历史及其背景。

教学时间： 6课时。

教学目的： 通过对茶艺发展的历史及其背景的了解，使学生正确认识茶艺发展的脉络与方向，理解茶艺之形式与内容的关系。

教学方式： 课堂讲述。

教学要求： 1.掌握茶艺发展的历史阶段。

2.掌握不同时期的茶文化的内容。

3.理解不同时期的茶艺形式。

4.理解茶艺发展的文化动因。

作业布置： 课后阅读本章中提到的相关典籍、熟记一些相关的诗文。

茶艺也叫茶道，起源于中国，在唐朝时传入日本，后来发展成为日本的茶道。近现代，由于中国在经济、文化、政治、军事诸方面的落后，传统的茶艺也衰微了，而日本茶道的影响却越来越大，以至人们谈起茶就想起日本的茶道，不知中国的茶艺传统。1978 年，我国台湾的茶人酝酿成立茶文化组织时，民俗学家娄子匡教授建议，为区别于日本的茶道，我国使用"茶艺"一词。此后，"茶艺"随着现代茶文化的传播而得到大多数人的认可。茶艺在中国有着深厚的文化根基。中国是茶的原产地，是制茶技术的发源地，是茶俗的发源地，而中国的文化更是茶艺或茶道的文化平台！了解、学习、欣赏茶艺是亲近中国传统文化的一个最悠然的角度，也是最能接近本质的一个角度。

关于茶艺的定义，专家们有多种不同的意见，总结下来，茶艺是指关于饮茶的艺术与技术的总和。不同之处在于，有的人主张茶艺应该是一种精神活动，而有的人则认为茶艺主要是技术层面的问题，之所以有这些不同的看法，与茶艺丰富的、悠久的发展历程有关。

第一节　茶艺的萌芽期

茶艺是饮茶活动的提升，也就是说，有了饮茶活动以后，茶艺就有可能出现了。从汉代至南北朝是中国茶艺的萌芽时期，在此之前，关于茶的确切的记载尚未发现，而到了南北朝时，饮茶在江南已蔚然成风。这一时期，中国茶艺的风格、形式及文化特征基本形成，也就决定了此后中国茶艺的发展方向。考察萌芽期的茶艺有四个问题需要解答：中国人是什么时候、在什么地方、以何种方式开始了饮茶活动的？中国人又为什么会选择茶叶作为饮料？

一、传说——茶艺起源

茶的起源迄今并没有确切的记载。陆羽在《茶经》里说："茶发乎神农氏，闻于鲁周公"，现在看来这个说法没有切实的依据。但陆羽的这一说法却碰巧给中国古代的茶艺定下了基调，神农氏让茶艺与医药与宗教联系起来，而周公则把茶艺与礼联系起来。

神农氏也就是炎帝，是传说中的农耕之神、医药之神，是中华民族的祖宗神，远古时代，炎帝与黄帝的融合，开创了中华民族辉煌的历史。进入文字时代以后，有许多著作都托名为神农氏或黄帝所著，陆羽所说的"茶发乎神农氏"依据的就是这样一本书——《神农食经》。《神农食经》里说："茶茗久服，令人有力，悦志。"《神农食经》失传已久，目前能见到的以"神农"为名的是清代黄奭辑的《神农本草经》。虽然《神农食经》及《神农本草经》并不是真的出于神农氏之手，也不是出于神农氏的那个时期，但由于神农氏是农耕、医药之神，把茶的起源和神农氏联系在一起还是合情合理的。

　　神农氏（图1-1）主要活动在长江中上游地区，而茶正是从这一区域开始流传全国的。传说神农氏尝百草，人们才得以知道什么样的植物是可食的，由此开始了中国的农耕文明，茶会不会就在那个时候被人们所认识呢？完全有可能。由于神农氏的特殊地位，后来人们在研究饮茶的起源时，普遍地认为人们是为了茶的药用价值而饮茶的，这就是关于饮茶起源假说中的药用起源说。医药是保证生命健康的必需品，先秦时的原始宗教里，健康被无限放大为"长生久视"，人们期望能像神仙一样，而神农氏就是众多神仙中的一员，还是相当重要的一员。在方士们孜孜不倦的探索中，把茶也作为一种重要的修炼的药品，进而饮茶成为一种修炼途径，在后来的道教与佛教中受到极高的推崇。

图1-1　神农氏像

　　周公是另一种代表，他代表的是儒家礼教的正统。周成王迁都洛邑（现在的洛阳）后，周公召集天下诸侯举行盛大的庆典。在新都正式册封天下诸侯，并且宣布各项典章制度，也就是人们所说的"制礼作乐"。陆羽所说的茶"闻于鲁周公"是出于另一本书《尔雅》，《尔雅》是我国最早的一部字书，传说这本书是周公所著。后人说："《尔雅》注虫鱼"，《尔雅》说："槚，苦茶。"这里的"苦茶"，后人多认为是指茶。周公有没有喝过茶是无法考证的，但作为礼的化身，周公对于后来茶艺礼仪、制度的影响不容忽视，这一点，从陆羽的《茶经》以及明代朱权的《茶谱》中可以看出。

二、巴蜀——茶艺之乡

晋代常璩所作的《华阳国志》，说周"武王既克殷，封姬姓生于巴，爵之"，封蜀侯为子爵，蜀地则以茶、蜜、丹漆、灵龟等特产进贡。常璩距离武王伐纣时隔千年，他所记述的事现在也找不到什么证据，但学者们一般都认为蜀地在先秦时期已经普遍地饮茶了。巴蜀是个神秘的地方，这里四面环山，与世隔绝，文化如何形成，土人又来自何处，一直都是个迷，随着近些年来三星堆等遗址的发掘，这个迷不仅没有解开，反而更加扑朔迷离了。李白在《蜀道难》诗里说："蚕丛及鱼凫，开国何茫然，尔来四万八千岁，不与秦塞通人烟。"在秦吞巴蜀之前，茶是不为外人所知的。清代大学者顾炎武认为："秦人取蜀，始知有茗饮之事。"从现存史料上来看，基本如此。唐朝以前"茶""荼"通假，先秦时期，没有"茶"字，只有"荼"字。"荼"在《诗经》里多次出现，如"谁谓荼苦，其甘如荠"，"采荼，薪樗，饿农夫"等，但《诗经》里的"荼"一般都认为是指苦菜，只有少数茶人认为这里的"荼"是指茶。除了《诗经》，先秦时期未见有关于茶的记载。

资料：

茶的异名

茶的称呼有多种，如：荼、茶、槚、榎、蔎、荈、茗、诧、荈诧、瓜芦、皋芦等等。其中有些是方言，只在一个地方流传，如"荈诧"，似是巴蜀方言，四川的葭萌一地，在方言中也是茶的意思。有些是特殊品种，如"瓜芦、皋芦"。普遍使用的名称是"荼、茶、荈、茗"四种，其中"荼"与"茶"是通假字，直到中唐以后，"茶"才成为通用字。

从现有资料来看，关于巴蜀地区饮茶活动较早的记载是在汉代。西汉宣帝时期，王褒有一篇文章，叫《僮约》，大意是说，"蜀郡王子渊"去朋友杨惠家作客，杨家的仆人"便了"不愿为王子渊去酤酒，还顶撞主人。王子渊于是决定将这仆人买下好好教训一番，"便了"说："欲使皆上券，不上券，便了不能为也。"王子渊于是将"烹茶尽具""武阳买茶"等写进了契约里。从《僮约》来看，当时的武阳应是一个茶叶的集散地，茶叶的生产与消费应是有一定规模的；"烹茶尽具"则说明当时的茶具可能也开始成形。在王褒之前，司马相如也是一个嗜茶的人，他有一《凡将篇》将茶（荈诧）与其他药品同列，估计他嗜茶可能与生病有关。由上述的两条资料来看，西汉时，蜀地饮茶在民间已有一定规模了。

资料：

《广雅》里的汉代茶

《广雅》是东汉末年人张揖所撰，其中有一条汉代茶饮的资料：荆巴间采茶作饼，成以米膏出之。若饮，先炙令色赤，捣末置瓷器中，以汤浇覆之，用葱姜芼之。其饮醒酒，令人不眠。

东汉时，茶叶与饮茶活动已经流传到长江中游地区，据汉代张揖的《广雅》记载，茶叶主要产于"荆巴之间"，当时的茶叶已经被制作成饼状，饮用前要先上火炙烤到微焦，然后再捣成末放入瓷器中，饮用时冲入沸水，还要再放上葱姜。从汉朝直至明朝初年，中国的茶基本上是以团饼茶为主的，饮用方法也是在汉代的方法上加以改进的。《广雅》所记载的是中国最早的茶艺形式，古代团饼茶茶艺的两个要素——炙茶、碾茶都已经出现，这成为团饼茶茶艺的基本形式，因此，在这一点上来说，巴蜀作为古代茶艺的源头是很确切的。

三、汉晋——茶艺初显

秦人取蜀后，巴蜀的茶文化始为天下人所知，但当时天下战乱，茶业很难得到推广与发展。两汉时，河清海晏，茶业与其他行业一样得到了迅速的发展。茶走出了巴蜀，沿着长江流域向东传播，逐渐形成一种产业，一种文化，一种民俗，这一时期是早期茶艺的黄金时期。

到汉朝时，长江中游已经出现以茶为名的地名——"荼陵"，今名为"茶陵"，这是一个与江西、湖南和广东三省接壤的地方，相传发现茶叶的神农氏就葬在这里。20世纪湖南长沙曾出土一枚滑石印，印面为阴文"荼陵"（图1-2）。据考证，此印刻于汉武帝时期。从字面上来理解，所谓荼陵，就是长满茶树的山，由此可见当地的茶业的规模。至南北朝时，茶业生产已经普及到江浙一带。南北朝时志怪小说《广陵耆老传》记录了一个故事，说晋元帝时，南方广陵城里有一个老奶奶，每天早上提着一桶茶到集市上去卖，很受欢迎，集市上的人竞相去买。从早到晚，老奶奶桶里的茶始终不见少，还把所得钱财拿去周济路过的穷人。老奶奶的奇异的行止引起了广陵城里执法者的注意，将她关进了牢里，结果至半夜时，老奶奶带着她的茶器一起从窗子飞走了。小说虽是志怪，但由此可知，当时的南方，民间饮茶已经较为常见了。

图1-2 茶陵印

在马王堆汉墓的出土文物中有两件关于茶的竹简与木牌，而这一汉墓群为汉初贵族的墓葬，这说明了当时的长江中游地区贵族饮茶已成为较常见的事，成为日常生活的一部分。晋人干宝在《搜神记》中的一则故事很能说明当时的贵族对茶的迷恋程度，据说当时有个叫夏侯恺的人病死以后，他的鬼魂还经常赖在家里不走，坐在平日里常坐的地方，向家里人索茶饮。嗜茶到了这个地步的还真是不多见。贵族是有闲又有钱的阶层，他们饮茶不止于解渴，还有娱乐的成分。晋朝文学家左思在《娇女诗》里描写他的女儿"心为茶荈剧，吹嘘对鼎镉"，可见时人已将饮茶作为一种娱乐活动来看了。茶艺作为一种休闲的文化和技艺，也只有在贵族参与之后，才能得到迅速的发展，关于这一点，在下面关于茶艺的介绍中可以清楚地体现。

四、功效——茶饮之用

晋代张华在献给晋武帝的《博物志》一书中还将茶当作一种稀罕物，其后很快茶就在中原的贵族中间流行开来，这与人们对茶的功效的认识有关。汉末张楫在《广雅》里说茶有醒酒和提神的功效，张华在《博物志》里也特地介绍茶的功效"饮真茶，令人少眠"。这一功效对于嗜酒的魏晋时人来说真是莫大的福音。同时，人们发现常喝茶可以消烦解忧。东晋北伐名将刘琨守并州时，因水土不服及精神压力太大而身体不适，就是靠饮茶来调理的，但并州在北方，不产茶，由于战争的原因，也很难买到茶，只有让他的侄子南兖州刺史刘演给他寄过去。任昉在《述异记》里则认为茶可以增强记忆力，使人读书时过目不忘。修炼的道士们又提出茶可以强身健体，甚至可以使人延年益寿，这些道士中有不少还是医生，他们的观点对于茶的普及有着很大的影响。

除了药用功能之外，茶在社交方面和修身方面的功能也开始被发掘出来。有记载的将茶引入社交活动的可能是三国时东吴的皇帝孙皓，这是一个荒淫残暴的君主，他每次宴请大臣时，都以把大伙喝醉为乐事，但他对不善饮酒的韦曜却优待有加，悄悄地让他以茶代酒，这或许是"以茶代酒"最早的记载了。魏晋时，以茶代酒的情况更多一些，以至于有人将茶称为"无酒茶"。这一时期，在士人的印象里，喝酒是放诞的、奢靡的，而喝茶则是清雅的，俭朴的。东晋权臣桓温守扬州时，"每宴惟下七奠，拌茶果而已。"被认为是俭朴的象征，估计他的下属也会受其影响的。另一个节俭的故事也与茶有关，东晋时吴兴太守陆纳请当时的名士谢安作客，只准备了茶和一些果品，他的侄子想，谢氏是当时的旺族，谢安又是大名士，叔父这样会不会过于简慢呢？于是就悄悄备下了酒菜，等谢安来时捧了出来。陆纳很不高兴，等客人走后，他让家人把侄子打了一顿，说："你不能为叔父脸上增光就罢了，怎么又来败坏我的素业清修呢？"崇俭是东晋人对西晋灭亡的反思之后的举动，他们认为西晋的灭亡与统治者自身的奢靡有关。

五、宗教——茶饮之盛

茶文化的兴起与中国宗教的发展踩在了一个节奏上。汉晋时期，也正是道教与佛教蓬勃发展的时期。道教以个人的长生久视为追求，在饮食上也向神仙靠拢，那么神仙的饮食是什么样的呢？《庄子·逍遥游》说神仙"吸风饮露"，这样的饮食是常人无法实行的，于是就退而求其次，找一些清淡的食物来食用，同时还要服用一些丹药，茶是清淡的，又有一定的药效，于是茶就与道教结下了不解之缘。

茶在宗教中的作用是渐进的。功能上首先被认识到的茶的药用功能，由此引伸出茶的保健功能，再进而被认为是长生的良药。当茶刚传到长江中下游时，它神奇的作用与神秘的来历被人们加上了神话色彩。传说茶被发现是神农氏的功劳，而这位神农氏除了是中国的农耕之神，也是医药之神。开始时，茶还不是太神奇，《搜神记》说："晋孝武世，宣城人秦精，常入武昌山中采茗，忽遇一人，身长丈余，遍体皆毛，从山北来。精见之，大怖，自谓必死。毛人径牵其臂，将至山曲，入大丛茗处，放之使去。精因采茗。须臾复来，及控怀中二十枚橘与精，甘美异常。精甚怪，负茗而归。"在这个故事里，茶只是与山中的精灵有那么一点点联系，其后就更进一层了。《壶居士食忌》说："苦茶久食羽化，与韭同食令人体重。"南朝道士陶弘景在《杂录》里说："苦茶轻身换骨，昔丹丘子、黄山君服之。"所谓"羽化"，所谓"轻身换骨"，就是成仙的意思，茶居然成了修仙的灵药。

佛教传入后，在修行方式上借鉴了道教的许多内容，其中也包括茶。佛教对茶的接纳首先是从其"不眠"的需求出发的，佛教徒要打坐参禅，长时间坐下来人容易打瞌睡，这时就需要有茶来提神。另外，茶清淡的味觉体验也与佛法之间有相通的地方，这也是佛教徒爱喝茶的原因。南朝的王子鸾与王子尚到八公山去拜访昙济道人（和尚），道人端出了茶，王子尚品味再三，感叹道："这是甘露啊，怎么说是茶呢？"茶与佛教的结合，为后来的茶艺的发展打下了一个理论基础，当茶叶传到日本后，更是发扬了中国茶艺里的茶禅一味的理论，形成了日本的茶道。

佛教在南北朝时甚为流行，杜牧诗云"南朝四百八十寺"道出了当时的盛况。南齐武帝在一次病重时下诏，在他死后，不要用动物来献祭，"但设饼果、茶饮、干饭、酒脯而已。"这一举动是佛教的影响所致。以茶献祭并不是从佛教开始的，但以前并不普遍，在佛教不杀生的教诲下，又有崇佛的齐武帝作榜样，以茶献祭遂逐渐流行开来。

在茶业迅速发展的南北朝时，佛教的发展无疑对茶俗、茶艺的发展起着极大的推动作用。

说汉晋南北朝时是茶艺的萌芽期，一方面，是因为当时的茶艺还没有成体系；另一方面，茶艺还是局限在一定的地域，没有在全国形成风气。西晋灭亡，北方的士族纷纷南渡，北方为少数民族政权所控制，他们习惯于饮酒，喝乳酪，对茶几乎一无所知，看到汉族的士人饮茶往往加以讥讽，这种情况到了大一统的唐朝时得到了彻底的改变。

第二节　茶艺的成形期

唐朝是茶艺的成形期。茶艺的成形至少应该有三个方面的支持：一是有着广泛的消费群体，这是茶艺的群众基础；二是有完善的茶艺程式，这是茶艺的形式要求；三是要有精神的内涵，这是茶艺的理论支撑。这三个方面在唐朝时都具备了。在唐朝，茶已经是全国范围内的普及的消费品，并且已经传到了国外；茶的字形被最终确定下来；有了完善的茶艺的程式；有了一批专门的茶人；有了第一本茶著；茶业经济也开始对国家的政治经济产生影响。成形于唐朝的茶艺与多种文化艺术形式之间有着密切的联系，成为了人们，尤其是知识分子阶层日常生活的重要的组成部分。

一、《茶经》——茶著之祖

《茶经》是唐代陆羽所著的一本关于茶的生产、消费和文化的全方位的著作，是世界上第一本茶著。《茶经》是陆羽对此前的有关茶叶知识与经验所作的总结，是一本起点很高的著作，以至宋朝陈师道在为《茶经》作的序里说："夫茶之著书，自羽始。其用于世，亦自羽始。"把它当作茶文化的起点。

陆羽（733—804）字鸿渐，一名疾，字季疵，号竟陵子、桑苎翁、东冈子，唐时复州竟陵人（今湖北天门），主要活动在中唐时期。陆羽的一生极有传奇色彩，他是一个孤儿，在3岁时被竟陵龙盖寺信持智积禅师于当地西湖边捡得，带回寺中，教他学习洒扫念佛等事，是一个无名无姓的小和尚。长大后，用《易经》来为自己占卜，得了一个"渐"卦，卦辞说："鸿渐于陆，其羽可用为仪。"于是以陆为姓，以羽为名，以鸿渐为字。智积禅师希望他留在寺中学习佛法，但陆羽对此没有兴趣，大约在13岁那年，他逃出了寺院。离开寺院后，没什么谋生技能的陆羽进了一个戏班子。在一次演出过程中，陆羽受到了当时竟陵太守李齐物的赏识，推荐他到火门山去读书。天宝十一年，陆羽与贬官竟陵的原礼部郎中崔国辅相识，两人经常一起品茶鉴水，谈诗论文。陆羽要出游考察天下茶事，但他从和尚到戏子再到书生，一直没有积蓄，又是崔国辅为他置办了出行的装备。公元760年，陆羽来到苕溪（浙江吴兴）隐居山间，闭门著《茶经》。书成之后，当时就产生了很大的影响，陆羽本人也因此而天下闻名。

《茶经》共十篇。一之源，述茶之性状、生长环境和茶的效用；二之具，述采茶及制茶的工具；三之造，述采茶与制茶的方法以及茶的品类特点；四之器，述煮茶的器皿；五之煮，论茶的烤煮方法；六之饮，论饮茶的意义、沿革及方式方法；七之事，述茶史；八之出，述茶的产地；九之略，论茶艺过程的省略变通；十之图，谈挂图。这十篇中，其四、五、六、九是直接与茶艺有关的部分。

《茶经》为中国古代文人的著述和趣味开辟了一片新领地。陆羽之后，关于茶的著述逐渐多了起来，但像《茶经》这样全面论述茶艺的已经没有了。

唐至五代时期著名的茶著还有张又新的《煎茶水记》、苏廙的《十六汤品》、毛文锡的《茶谱》。至于文人笔记、诗赋中对茶的记述和吟咏就更多了。

《煎茶水记》是第一本评水的著作。陆羽在《茶经》里对煎茶用水曾有过论述，但并没有对水的等级进行排名。《煎茶水记》里收录了两份评水的记录，据作者说，一份是刘伯刍所评，一份是陆羽所评。关于陆羽评水的说法，因与在《茶经》里的论述差距较大，后人多认为是张又新作伪。虽说此书的内容不太可靠，但却开了文人评水的先河，此后人们纷纷以评水为雅事。

《十六汤品》是讨论煮水的，提出："煎以老嫩言者凡三品，注以缓急言者凡三品，以器标者共五品，以薪论者共五品。"对陆羽的理论有所发展，也有些是将煎茶煮水神秘化了。

二、器具——茶饮之载

茶具在古代常被称为"茶器"。茶器到了唐朝时已大致齐备，陆羽在考察了天下茶事之后，综合各地茶器的优点，设计了一套完整的茶艺器具，计二十四式，他所设计的这一套茶具得到了当时人们的认可，可以说，到了陆羽时期，中国茶艺的形式已经齐备了。陆羽《茶经》的器具分为"具"与"器"，"具"指的是采茶具与制茶具；"器"指的是烹饮之器，有烤茶具、贮茶具、碾茶具、烹茶具与饮茶具。"具"与茶的生产有关，从《茶经》之后，人们就很少将这两者列入茶具之中。

团饼茶在准备饮用时都要烤一下，使茶香散发出来。烤茶也叫炙茶，把茶饼用夹子夹着放在小火上烤。茶夹最好用青竹来做，烤的时候小青竹遇火生津，可以为茶助香。茶夹也有用铜铁制作的，这主要是为了经久耐用。烤过的茶饼要放在一个纸囊里，防止茶饼吸湿和茶香的散失，等凉下来以后再拿去碾碎。

唐时的碾茶具是从汉晋时期一脉传下来的，其形式在团饼茶时期一直没什么大变化。碾茶具包括茶碾、茶臼、拂末、茶罗等。茶碾、茶臼是用来碎茶的，从前面张楫《广雅》里的"捣末置瓷器中"中的记载来看，茶碾可能是后来茶艺较为成熟时才广泛使用的，有木、石、瓷、金属等多种材质，如果木质茶碾，需用质地坚硬细密而又无异味的木料来制作。《茶经》里所描述的是木质茶碾，皇家、贵族所用的茶碾一般为金银所制。茶臼出现得较早，它的作用与茶碾差不多，在唐代茶臼与茶碾应用都较为广泛。拂末用来清掸碾茶时散落的茶末。碾过以后的茶要放在茶罗里筛一下，陆羽特意设计了一个别致的茶罗，用竹节制成，或者用杉木弯曲后制成，上面有盖，中间为罗，这样在过筛时不会让茶末撒到周围的地上。

烹茶具主要是茶鍑、风炉与交床。茶鍑是煮茶的锅，风炉是在室内饮茶时所用煮水的炉子，如果在野外，可以将茶鍑放在交床上，交床是一个可折叠的支架，在下面生火煮水。

煮水的茶鍑有金属和瓷石两类，当时的洪州地区多用瓷茶鍑，莱州地区多用石茶鍑，贵族家庭多用银茶鍑，陆羽认为，"瓷与石皆雅器也，性非坚实，难可持久"，银器很洁净但"涉于侈丽"，如果要选经久耐用的，还是铁质茶鍑为好。与煮茶具配套的有量取茶末用的"茶则"和"茶匙"，取水用的"绿油囊"，贮水用的"水方"，舀水用的"瓢"，搅茶汤用的"竹筴"，盛盐的"鹾簋""盐台"，取盐用的"盐匙"等。

陆羽为茶艺专门设计了风炉，用铜铁铸成三足鼎型，上面还要写上"坎上巽下离于中""体均五行去百疾""圣唐灭胡明年铸"三句话，三足之间还开有三个窗，分别写着"伊公""羹陆""氏茶"，连起来就是"伊公羹，陆氏茶"，炉内还要再画上一些有象征意义的动植物图案。在风炉的下方有一盘子，叫"灰承"，用来盛炉灰。给风炉加炭有专门的"火筴"，通常为铜或铁所制。此外，还有盛炭的"筥"，一个竹编的篮子；碎炭的"炭挝"。

唐代的茶碗一般为瓷器。发展到隋唐时期，中国的制瓷技艺已经相当成熟了。据陆羽在《茶经》里的叙述，唐时用于饮茶的茶碗主要来自于越州、鼎州、婺州、岳州、寿州、洪州、邢州等地，一则可见当时陶瓷业的兴盛，再则也反映出茶饮的流行。是茶艺给了陶瓷以新的天地，反过来，陶瓷又成就了茶艺之美。陆羽在论饮茶用碗时提出，茶碗以青瓷为上，白瓷次之，黄瓷和褐瓷再次，原因是用青瓷茶碗盛的茶汤颜色显绿，用白瓷茶碗盛的茶汤颜色显红，用黄瓷茶碗盛的茶汤颜色显紫，而用褐瓷茶碗盛的茶汤颜色显黑，而对于茶汤来说，最好的颜色是绿色，自然就以青瓷最好了。越瓷对于茶艺的贡献可以远溯到晋朝时，晋代杜育在《荈赋》中就已经提出：“器择陶简，出自东隅”，所说的就是产于越地的茶器。

三、清饮——茶艺之变

早期饮茶常会在茶里加上好多东西，煮成羹的样子来饮用，称为“茶粥”“茗粥”，还要在茶里放上葱姜，加上盐。从前人的一些记述来看，茶不仅是平时的饮料，也常被用在筵席上当羹。《广志》里说当时有人把“茱萸煮脯胃汁”叫作茶，还有红色的用米加油煮出来的称为“无酒茶”。《世说新语》里也讲到一个故事，东晋时，大名士褚季野过江后参加一次集会，众人都不认识他，就吩咐给他多上茶汁，喝光了就添加，而佐茶的粽子很少，存心想看他出丑，再等他自报家门后，大家尴尬不已。在上一节里提到的桓温宴请部下时，也用到茶。

把茶作羹来饮用的情况直到陆羽之前还存在，他认为：“或用葱、姜、枣、橘皮、茱萸、薄荷之属，煮之百沸，或扬令滑，或煮去沫。斯沟渠间弃水耳！”在陆羽看来，传统的煮茶方法有失茶的本味，他提倡在煮茶时除了盐，其他的配料就都不用加了。而加盐则是从体现茶的本味的角度出发，因为“芽茶得盐，不苦反甜”。由于陆羽《茶经》的巨大影响，汉族人“茗饮作羹”的情况随之变为清饮，此后，清饮就成为汉族人饮茶的主流。

除汉族的清饮外，唐政权周围的一些地方，饮茶还是以羹饮为主，这样的茶饮结构一直持续到现在，从这一点来说，唐代作为茶艺的成形阶段也是当之无愧的。

四、文人——茶艺之动

茶文化在一开始就受到知识阶层的青睐，因为文人是一个相对生活安定，又有钱有闲的阶层，有闲情也有玄思，而且，文人所掌握的文字又是文化传承最好的载体。文人对茶艺的推动也主要在文学、哲学以及技艺的传承几个方面。

唐代的文人首先是用诗歌传播了茶文化。许多诗人都写过吟咏茶的诗歌。李白的《答族侄僧中孚赠仙人掌茶并序》可能是现在可见的最早一首吟咏名茶的诗。在诗里，李白以他的生花妙笔着力渲染了仙人掌茶的神奇功效，说这种茶常饮可以"还童振枯"，使人延年益寿。他的侄子僧中孚将此茶赠送给他时，仙人掌茶还是不为人知的新产品呢，诗人的这首诗无疑会使茶的名字借着诗人的名气而传遍天下。卢仝的《走笔谢孟谏议寄新茶》是唐代茶诗中最为著名的，从其诞生之日直至宋朝，这首诗被广为传唱。甚至有人认为，卢仝的这首诗对于茶文化的推广之功不亚于陆羽的《茶经》，这虽是夸张之词，但也可看出其在茶史上的地位。这首诗里许多的词句被后来的诗人们反复引用。卢仝在诗里首先将茶饼比作是天上的圆月，后来的诗人们也纷纷效仿，宋朝苏轼在诗里写道："独携天上小团月，来试人间第二泉。"卢仝道号玉川子，这也被诗人所爱用，苏轼诗："明月来投玉川子，清风吹破武林春。"；明朝陈继儒诗："山中日日试新泉，君合前身老玉川。"

资料：

《答族侄僧中孚赠仙人掌茶并序》
唐·李白

余闻荆州玉泉寺近清溪诸山，山洞往往有乳窟，窟中多玉泉交流。其中有白蝙蝠，大如鸦。按仙经，蝙蝠一名仙鼠，千岁之后，体白如雪，栖则倒悬。盖饮乳水而长生也。其水边处处有茗草罗生，枝叶如碧玉。唯玉泉真公常采而饮之，年八十余岁，颜色如桃李。而此茗清香滑熟，异于他者。所以能还童振枯，扶人寿也。余游金陵，见宗僧中孚，示余茶数片，拳然重叠，其状如手，号为仙人掌。盖新出乎玉泉之山旷古未觌，因持之见遗。兼赠诗，要余答之，遂有此作。后之高僧大隐，知仙掌茶发乎中孚禅子及青莲居士李白也。

常闻玉泉山，山洞多乳窟。仙鼠如白鸦，倒悬清溪月。
茗生此中石，玉泉流不歇。根柯洒芳津，采服润肌骨。
丛老卷绿叶，枝枝相接连。曝成仙人掌，似拍洪崖肩。
举世未见之，其名定谁传。宗英乃禅伯，投赠有佳篇。
清镜烛无盐，顾惭西子妍。朝从有余兴，长吟播诸天。

对于茶事，唐代很多文人都身体力行。白居易被贬江州时，闲来无事，在庐山上建了一座草堂，草堂附近就有茶园有飞泉，白居易常与朋友们就着泉水、茶树来烹茶。对于茶，白居易是个内行，对于茶的品鉴及烹茶用水都有自己的认识，在唐代诗人中，白居易是作茶诗最多的人，以他当时的影响力，不难想象对茶艺会有多大的推动。除了喝茶，文人还积极参与茶业生产，唐末的皮日休与陆龟蒙在苏州隐居，经营了一片茶园谋生，对于茶事的每一过程都亲历亲为。皮日休在陆羽《茶经》的启发下作有《茶中杂咏》十首，让陆龟蒙唱和，陆龟蒙因此写有《奉和袭美茶具十咏》。吟咏了茶坞、茶人、茶笋、茶籝、茶舍、茶灶、茶焙、茶鼎、茶瓯、煮茶十题。这二十首诗对了解唐代制茶的状况有帮助，如陆龟蒙的茶灶诗："无突抱轻岚，有烟映初旭。"可知唐代的茶灶是没有烟囱的。这些诗可以说是用诗写成的《茶经》。

资料：

《走笔谢孟谏议寄新茶》
唐·卢仝

日高丈五睡正浓，军将打门惊周公。

口云谏议送书信，白绢斜封三道印。

开缄宛见谏议面，手阅月团三百片。

闻道新年入山里，蛰虫惊动春风起。

天子须尝阳羡茶，百草不敢先开花。

仁风暗结珠蓓蕾，先春抽出黄金芽。

摘鲜焙芳旋封裹，至精至好且不奢。

至尊之余合王公，何事便至山人家。

柴门反关无俗客，纱帽笼头自煎吃。

碧云引风吹不断，白花浮光凝碗面。

一碗喉吻润，二碗破孤闷。

三碗搜枯肠，惟有文字五千卷。

四碗发轻汗，平生不平事，尽向毛孔散。

五碗肌骨清，六碗通仙灵。

七碗吃不得也，唯觉两腋习习清风生。

蓬莱山，在何处，玉川子乘此清风欲归去。

山上群仙司下土，地位清高隔风雨。

安得知百万亿苍生命，堕在颠崖受辛苦。

便为谏议问苍生，至头还得苏息否？

　　文人的参与对于茶艺程式的完善与推广起着很大作用。在陆羽之前，茶艺的基本程式应该已经有了，但没有见诸文字。《茶经》里，陆羽对当时的茶艺程式进行了整理，并添加了一些自己的东西。《茶经》一经刊行就引起了大家的兴趣，尤其是对书中茶艺和茶具部分的内容有很大的兴趣，对于陆羽所设计的二十四件茶器，好事者家藏一副。据《封氏闻见记》载，《茶经》书成之后，当时的著名茶人常伯熊"又因鸿渐之论广润色之，于是茶道大行。"看来，陆羽所设计的茶艺程式可能是复杂了些，操作上不是很方便，因此才有了常伯熊的"广润色之"。

五、经济——茶业之重

茶艺作为一种消费文化，其在经济生活中的地位决定了它生命力的强弱。在安史之乱之前，茶只是普通的消费品，虽然贵族喜欢它，百姓离不开它，宗教活动中会用到它，甚至被作为贡品，但对于国家的经济生活，茶业一直没有体现出直接的影响。

安史之乱之后，唐朝的经济受到了极大的震动，开始逐渐走下坡路，财政捉襟见肘，而这时产茶区已经遍及南方各省，并远销到边疆地区。《膳夫经》说："元和以前，束帛不能易一斤先春蒙顶，是以蒙顶前后之人，竞栽茶以规厚利，不数十年间，遂斯安草市，岁出千万斤。"又说："茶自江淮而来，舟车相继，所在山积，色额甚多。"茶业这样的厚利引起了朝廷的注意。唐德宗建中三年，户部侍郎赵赞提出对天下的茶漆竹木等行业抽税，十取其一，这是第一次对茶叶抽税。贞元九年，唐德宗再次对茶叶抽税，并从此成为定制。

据史料记载，唐德宗在贞元时抽的茶税，每年不过40万贯，到长庆元年时，茶税增加到了60万贯，随着财政的紧张，唐朝政府对于茶税的依赖在加剧，到唐文宗时，宰相王涯在全国推行榷茶政策，所谓榷茶，就是指茶叶由官府专营专卖，禁止茶农与商人之间的交易。榷茶政策引起了极大的社会矛盾，随着王涯在一次政变中被杀，榷茶制度在唐朝结束了，但茶业重税的矛盾没有解决。直到裴休作盐铁使之后，定立了简明的茶法十二条，才使得矛盾缓和，茶业生产复趋稳定。

茶叶由自在的消费品成为国家的经济支柱之一，使得茶在社会生活中的地位得到了提高，对于茶艺的传播起着很大的作用。

第三节　茶艺的发展期

宋元时期是茶艺的发展期。在这一时期，茶艺有了下面几个方面的发展：制茶方法的变革带来的茶饼的发展；茶饼的改变带来的饮茶方式的变革；茶饼的改变带来的茶具的变革；饮茶方法变革带来的精神内容的变革。在宋朝及辽金西夏等朝，茶的经济地位经续增强。边茶贸易在唐朝时调控中央政府与周边地区关系方面作用还不明显，而到宋朝时，边茶贸易已成了朝廷重要的政治与外交手段。

一、茶叶生产的变革

在唐朝及唐朝之前，茶叶的成品主流是饼茶，圆形的茶饼中间有一个孔。而到了晚唐五代时，在南方的闽地还有一种新的茶饼生产技艺，称为"蜡面茶"。最初，蜡面茶作为一种地方特产进贡朝廷，并无什么特殊的地位，只是装饰的比较漂亮，五代十国时期，闽国向中原进贡的建州茶用珍贵的香料来调制，还要在外面用金缕来装饰，名叫耐重儿，一斤八枚。这样精美的蜡面茶在当时常被用作帝王赏赐臣下的物品。公元 945 年，闽被南唐所灭，第二年，南唐就在建州开发了新品种"的乳茶"，号为"京铤腊茶之贡"，并停止了阳羡的贡茶。再以后，南唐被宋所灭，也不再用阳羡、顾渚的贡茶，而采用建州蜡面茶。

用建州茶作贡茶的原因较为复杂。一是建州茶的质量很好。在中唐时期，建州茶就已经进入了江淮地区的茶叶市场，《膳夫经》说："建州大团，状类紫笋，又若今之大胶片，每一轴十片余。将取之，必以刀刮，其后能破。味极苦，唯广陵、山阳两地人好尚之，不知其所以然也，或云疗头痛。"后来用作贡茶也说明了建州茶的质量是很好的。其次，停贡阳羡茶也与战争有关，在唐末五代时期，作为茶叶主要集散地之一的江淮地区一直处于战争的前沿，已经很难看到以前的盛况了，这也间接影响了阳羡、顾渚茶的生产。但是，导致建州茶代替阳羡茶的最主要原因是气候。据研究，唐朝常年平均气温比宋时要高 2 ~ 3℃。气温的下降使得茶叶发芽推迟，虽然阳羡、长兴等地的贡焙离运河与国道都很近，但新春贡茶还是无法赶上朝廷清明的郊祭。南方的建州因气候温暖，茶叶发芽早，虽然路途较远，但正好能赶上清明的祭祀，正如欧阳修所说："建安三千五百里，京师三月尝新茶。"于是才有了罢贡阳羡茶而用建州茶的事。而建州贡茶也就成了茶艺变革的标志性事件。

建州贡茶带动了岭南茶业的发展，据《茶经》所载，唐代重要的产茶区有山南、淮南、浙西、剑南、浙东、黔中、江西和岭南八大茶区，岭南的茶业并不发达，陆羽说岭南茶"生福州、建州、韶州、象州"，"其思、播、费、夷、鄂、袁、吉、福、建、韶、象十一州未详。往往得之，其味极佳"。陆羽所未详的岭南茶业在宋朝以后，随着贡焙的改置而迅速地发展起来，其中，闽地更成为了中国茶业生产的重心。

宋代建茶生产技术的更新非常快。据《宣和北苑贡茶录》所记，宋太平兴国初年，朝廷派员到建州的北苑茶场，用特制的龙凤模，生产龙凤团茶，称"龙团凤饼"，使贡茶与普通百姓所用的茶在形式上区别开。从龙凤团茶开始，中国团饼茶时代迎来了一个新的发展高峰。当时除龙凤团茶之外，还有石乳、的乳、白乳三大名茶，自从龙凤团茶与石、的、白以及前面提到的京铤腊茶出现后，建州传统的蜡面茶迅速地贬值了。当时，龙茶用来供皇帝饮用，也用来赏赐朝中的执政、亲王、长主等要员，而赏赐普通的皇族、学士、将帅都用凤茶，舍人、近臣赐金铤、的乳，白乳赐馆阁，惟蜡面不在赏赐茶品里面。据载龙团凤饼为北宋丁谓所创，到北宋仁宗时，蔡襄在建州督造团茶，又创出小龙团。小龙团制作较大龙团精美得多，欧阳修说："茶之品莫贵于龙凤，谓之小团，凡二十八片，重一斤，其价值金二两，然金可有，而茶不可得。自小团茶出，龙凤茶遂为其次。"此后，团茶的生产技术不断翻新，到宋徽宗时，漕臣郑可简在北苑又造出团茶史上的颠峰之作"龙团胜雪"。

宋代团茶的生产规模发展也很快。据《宣和北苑贡茶录》记载，宋初，北苑贡茶数量不多，太平兴国初年仅五十片，而到宋哲宗元符年间，达到一万八千片，到宋徽宗宣和年间，达到四万七千余片。茶场的数最也在迅速上升，宋朝初年从南唐接收的茶焙，公私合计1336家，其中官焙有32所，其中的北苑贡焙为官焙第一。宋初北苑贡焙有茶场二十五所，到了宣和年间，北苑贡焙的茶场增加到了四十六所。毫无疑问，在官营茶场增加的同时，民营茶场的生产规模也在扩大，这使得建州的团饼茶成为当时茶业的主流，建州的饮茶方式也就成为茶艺的主流。

二、饮茶方式的变革

建茶与唐代流行的饼茶最大的不同在生产工艺方面。建茶的制作工艺包括蒸茶、榨茶、研茶、过黄、烘干。茶叶采来先浸于水中，挑选匀整芽叶进行蒸青，蒸后冷水冲洗，然后榨去水，再榨去茶汁，去汁后置瓦盆中兑水研细，再入龙凤模中压成饼，烘干。唐代在制茶时一定要注意不能使茶汁流失，而宋代的团茶在制作时则要求去尽茶汁，这是宋代团茶与唐代饼茶最根本的不同。这样的不同带来了茶艺的全面的革新。

点茶法源于福建，在唐末五代时，福建的茶人就用点茶法来饮茶，并在此基础上产生了斗茶的游戏，在点茶成为茶艺的主流以后，斗茶游戏也跟着风行全国。斗茶在某种程度上是对点茶技艺的检验，斗茶的几个技术指标正是点茶茶艺的最核心的内容，因此，这两者是密不可分的。据载，福建斗茶斗的是茶、水和点茶的技巧。蔡襄《茶录》说："茶色贵白……故建安人斗试以青白胜黄白。"茶汤的青白或黄白完全由茶饼的质量决定，如果茶饼"过黄"不彻底，点出来的茶汤必然是黄白的。在论茶味时，宋人与唐人的观点一致，都认为泉水的质量关系到茶汤的质量。对于点茶技巧的判断标准，《茶录》记载："茶少汤多，则云脚散；汤少茶多，则粥面聚。（建人谓之云脚粥面）钞茶一钱七，先注汤调令极匀，又添注入，环回击拂。汤上盏可四分则止，视其面色鲜白，著盏无水痕为绝佳。建安斗试以水痕先者为负，耐久者为胜，故较胜负之说，曰'相去一水，两水'。"

点茶法带动了茶具的变革。首先是煮水器具的变革，在唐代的煎茶当中，壶是用来盛水的，流（壶嘴）较短，而且在开始时，这个流往往是一个装饰，并不能倒出水来，因为在唐代的茶艺当中，对从壶嘴往外倒水并没有什么技术上的要求（图1-3）。到了宋代的点茶法中，壶嘴变得较长，因为长流可以产生较大的冲击力，有利于点茶（图1-4）。宋徽宗在《大观茶论》中提到壶嘴的作用时说："注汤利害，独瓶之口嘴而已。嘴之口欲大而宛直，则注汤力紧而不散。嘴之末欲圆小而峻削，则用汤有节而不滴沥。盖汤力紧则发速，有节不滴沥，则茶面不破。"汤瓶不仅是点茶用具，还是煮水用具，由于在瓶中煮水难于观察，使得煮水也成为点茶法中的一项重要技能。汤瓶的材质各异，皇室、贵族多用黄金来作汤瓶，而普通人家的汤瓶多为银、铁、瓷、石等质地。其次是茶碗的变革。唐代茶碗尚青瓷，而宋代茶碗尚黑瓷。这是与茶饼的特点相关的，唐代茶饼煮出来的茶汤色黄绿，用青瓷显得茶汤绿，较为美观，宋代点茶的茶汤色白，用黑色更能衬出茶汤的美。而且，黑瓷茶具多粗厚，既可保温，在调茶时也不易被茶匙或茶筅击碎。所以，建安人斗茶所用的粗质的黑盏很快就得到了人们的认同。茶筅是点茶法中特有的工具，系由竹子制成，用于击拂茶汤，后来传至日本，成为日本茶道中重要的工具。关于茶具与茶艺的关系，将在第三章《茶具之美》中作详尽的分析。

图1-3　煎茶用汤瓶

图1-4　点茶用汤瓶

三、分茶游戏的流行

游戏性是宋代点茶与唐代煎茶在精神上的最大的区别，陆羽所设计的茶道是带有宗教修炼色彩的，而宋代的点茶法充满了游戏色彩，并发展成一种专门的游戏——分茶，通过点茶时不同手法的运用，可以在茶汤的表面形成花鸟虫鱼或文字图案，令人叹为观止。在元朝时，蒙古贵族对精致的汉族茶文化兴趣不在，分茶游戏逐渐衰落，但在汉族知识分子中还有市场，直到明朝罢贡团茶，分茶才从人们的生活中彻底消失。

"分茶"一词最早见于唐代，"大历十才子"之一的韩翃说："吴主礼贤，方闻置茗；晋臣爱客，才有分茶。"有学者认为分茶至少始于唐朝的煎茶法，这是将分茶与煎茶混为一谈了。南宋杨万里在《澹庵坐上观显上人分茶》诗中说得很明确："分茶何似煎茶好，煎茶不似分茶巧。"煎茶在宋朝时虽不占主流地位，但在民间仍然存在，杨万里把这两者并列比较，显然应是两种不同的茶艺形式。

普通的饮茶对于器具不会有太多的讲究，而作为茶艺的分茶对器具就十分讲究了，尤其是茶碗，强调用厚重的黑瓷。因为厚，在用金银等金属茶匙击拂茶汤时不易将碗击破，而深色的茶碗又可以衬托出茶沫的洁白。

从文献资料来看，茶的娱乐化始于五代和凝，和凝历仕梁、唐、晋、汉、周，地位显赫，他常与同僚们斗茶为乐，茶烹得味道不好者则受罚，名为"汤社"，当时南方的建茶已经作为贡茶来到北方，和凝与同僚斗茶是不是用南方的茶叶很难说。南方的点茶一开始就具有游戏色彩。五代十国时期，南方有一僧人名叫文了，"雅善烹茗，擅绝一时。武信王时来游荆南，延往紫云禅院，日试其艺。王大加欣赏，呼为汤神，奏授华定水大师。人皆目为乳妖。"这是关于分茶的早期记载。与文了和尚同时的还有一位分茶高手叫福全，宋代陶谷在《清异录》里记载了他的故事："馔茶而幻出物象于汤面者，茶匠通神之艺也。沙门福全生于金乡，长于茶海，能注汤幻茶，成一句诗。共点四瓯，共一绝句，泛乎汤表。小小物类，唾手辨耳。檀越日造门求观汤戏。全自咏曰：生成盏里水丹青，巧画功夫学不成。却笑当年陆鸿渐，煎茶赢得好名声。"这样的分茶也叫作茶百戏。当建茶在全国流行后，分茶的游戏也在全国流行起来。

自北宋至明朝初年，分茶成了文人的清玩，其中，宋徽宗赵佶对分茶游戏起了较大的推动作用。在历代帝王中，赵佶是最爱茶的，他写一本关于点茶的《大观茶论》，是陆羽《茶经》之后的又一高峰。他说："世既累洽，人恬物熙。则常须而日用者，固久厌饫狼藉，而天下之士，励志清白，竞为闲暇修索之玩，莫不碎玉锵金，啜英咀华。较箧笥之精，争鉴裁之别，虽下士于此时，不以蓄茶为羞，可谓盛世之情尚也。"宋徽宗不仅自己精通茶艺，还常在皇宫里为大臣位烹茶。李邦彦在《延福宫曲宴记》中记载："宣和二年十二月癸巳，召宰执亲王等曲宴于延福宫，特召学士承旨臣李邦彦、学士承旨宇文粹中，以示异恩也。……上命近侍取茶具，亲手注汤击拂，少倾，白乳浮盏面如疏星淡月。顾诸臣曰：'此自烹茶'。饮毕，皆顿首谢。"分茶通常是两人以上，有时一个人也可以。陆游在临安时，壮志难伸，报国无门，闲来无事，"矮纸斜行闲作草，晴窗细乳戏分茶"，就曾以分茶来打发寂寞时光。

分茶游戏也风靡于市井，由于技艺复杂，还产生了专门分茶的职业和专营分茶的饮食店。南宋的临安城里，经常可以见到提着茶瓶在街上为别人点茶的人，这些人有的在街上摆摊，有的是流动的，到书馆或酒馆里为客人点茶，甚至到住在街边的人家里去点茶。专门的茶馆更多，有花茶坊、夜茶坊等普通人消费的地方，也有蒋检阅茶肆这样的士大夫聚会的茶坊。除了在茶坊里分茶，在饮食店里也兼营分茶。宋朝的饮食店中有"分茶酒店""川饭分茶""素分茶"等。《梦粱录》在提到这些饮食店时绝口不提分茶，所记载者全是酒菜。分茶成了饮食店的名称，这也从一个侧面说明了分茶在宋朝的流行。

四、边茶贸易和赐茶

从中唐以后，汉族政权周围的少数民族饮茶已经成了一种民俗需要和生活需要，他们对于茶的需求日益上升，这使得边茶贸易的地位也逐渐提高。据《唐国史补》记载，一次唐朝使者出使吐蕃，在自己的帐中烹茶，吐蕃的赞普问他煮的是什么，他故弄玄虚地说是"涤烦疗渴"的茶，赞普一听，说我也有这些东西，并让人取来唐朝所产的一些名茶给他看。《封氏闻见记》里也记载着北方的回鹘在到长安朝见时，常带着大批名马来换茶回去。唐代的茶马贸易没有形成定制，到了宋朝，边茶贸易更是提高到了军国大计的位置上来了。到宋神宗熙宁七年（1074年）才被确定为一种政策，从此直至清朝，茶马贸易都是朝廷的重要国策。边茶贸易包括茶马贸易与榷场贸易两个方面。

宋代的茶马贸易主要是与北方的辽、金、西夏、蒙古和西方的蕃部。对周边地区，宋朝茶马贸易的政策是区别对待的。对于蕃部，在很大程度上属于宋朝的盟友，贸易政策就较为宽松。宋真宗在咸平元年十一月曾发诏书，令"蕃部进卖马，请价钱外，所给马绢茶每匹二斤，老弱骒马一斤。令礼宾院每二千斤请赴院置库收管，当面给散。"茶马贸易对于中原的宋朝政权，主要目的是得到来自于北方的优良马种充作战马，蕃部拿来换茶的老弱骒马宋朝不仅收下，还给每匹茶一斤作为赏赐，优待是不言自明的。由于是敌对关系，西夏及辽朝的茶叶基本不会是通过茶马贸易获得，只有通过榷场贸易及宋朝的赔偿和赏赐。榷场贸易中，辽人常用谷物来换茶，造成本国内的粮食紧张，以致辽朝不得不下令禁止国内的粮食出境。金朝人也嗜茶成癖，朝野都喜爱饮茶，常用白银来与宋朝交易，用在买茶叶上的白银每年达72万两，引起了金朝的极度恐慌，不得不下令禁止用金银与宋朝交易，但由于参与交易者大多是朝廷的贵族，这样的禁令作用不是太大。

战争赔偿与赏赐是宋朝维持与北方强敌和平关系的手段，在这些赔偿与赏赐中，茶叶所占的比例及绝对数额逐年升高，到了宋仁宗时，这已经成为宋朝很大的负担，朝臣们对些议论纷纷，宋仁宗庆历四年，田况在奏折中提出不可以大斤茶赏赐西夏元昊，担心北边的辽人"苟闻元昊岁得茶二十余万斤，岂不动心！"进而引起边界的冲突。与此同时，欧阳修也上折子表示反对以大斤茶赏赐西夏，理由与田况的担心相近。司马光也指出："西夏所产者不过羊马列毡毯，其国中用之不尽，其势必推其余与他国贸易，其三面皆敌人，鬻之不售，惟中国者，羊马毡毯之所输，而茶彩百货之所自来也。故其人如婴儿，而中国乳哺之。"还有大臣提出，西夏所得茶叶除一部分自己消费外，还用来与西域地区贸易。

开始于唐朝，成熟于宋朝的边茶贸易是茶业经济的重要组成部分，是历代政府密切关心的着力解决的事情，它不仅是中央政府通过内地茶叶控制边区，利用边区强化内部统治的手段，客观上对促进民族之间的交流和经济发展也起到了积极作用。

第四节　茶艺的成熟期

元代的蒙古族统治者对于汉族精致的茶文化没有什么太大的兴趣，但社会底层对于团饼茶茶艺还是有着较为浓厚的兴趣的，也有一些新的发展。比如，碾茶这一颇费时间的程序被简化了，人们在市场上可以买到已研磨好的茶粉，或者事先将茶粉碾好，待客人来时，可马上冲点出一碗茶汤，使得茶艺不仅是有闲阶层的清玩，更适合寻常百姓的生活。总的来说，在中国茶史上长期占据主流地位的团饼茶在元朝时已经被冷落了。到明洪武二十四年，朱元璋下诏"罢造龙团，惟采芽以进"，散茶成为茶艺的主流，中国的茶艺由此进入了一个全新的时期。

一、散茶的技术演变

散茶的出现较早，《茶经》说"饮有觕茶、散茶、末茶、饼茶者"，当时饼茶主要是作为社会中上层的饮品，或是用来销边。在民间，还有觕茶、散茶、末茶等非饼茶，这些都属散茶之列。宋太平兴国二年，茶的种类有蜡面茶、散茶与片茶，蜡面茶与片茶都是团饼茶，是茶饮的主流，散茶的生产也颇具规模，据《宋史·食货志》载："散茶出淮南归州、江南荆湖，有龙溪、雨前、雨后、绿茶之类十一等。"一般情况下，散茶是下等人饮用的，偶尔，士大夫们也会饮用散茶，唐代的刘禹锡有一次去访一和尚朋友，这位和尚就以现摘现炒的散茶相待。宋代优质的散茶有宝云、日铸、双井等名品，其中的双井茶还得到了欧阳修赋诗品题。在茶叶的杀青技术上，早期的散茶与团饼茶并没什么两样，都是用蒸青的方式来杀青，刘禹锡《西山兰若试茶歌》中曾提到过炒青茶，"自傍芳丛摘鹰嘴，斯须炒成满室香"，但这样的炒青茶叶只是偶一为之，直到元代，王桢《农书》中所记载的仍为蒸青技术。《农书》中提到的元代的茶有三类：茗茶、末茶和蜡茶，茗茶是嫩芽，末茶是磨成粉的茶芽，蜡茶是龙凤团茶。茗茶与末茶是散茶之类。

资料：

《西山兰若试茶歌》
唐·刘禹锡

山僧后檐茶数丛，春来映竹抽新茸。

宛然为客振衣起，自傍芳丛摘鹰觜。

斯须炒成满室香，便酌砌下金沙水。

骤雨松声入鼎来，白云满碗花徘徊。

悠扬喷鼻宿酲散，清峭彻骨烦襟开。

阳崖阴岭各殊气，未若竹下莓苔地。

炎帝虽尝未解煎，桐君有箓那知味。

新芽连拳半未舒，自摘至煎俄顷馀。

木兰沾露香微似，瑶草临波色不如。

僧言灵味宜幽寂，采采翘英为嘉客。

不辞缄封寄郡斋，砖井铜炉损标格。

何况蒙山顾渚春，白泥赤印走风尘。

欲知花乳清泠味，须是眠云跂石人。

散茶技术的发展和流行与明太祖朱元璋罢造团茶有直接的关系。朱元璋出身微贱，后来参加了红巾军反元，在他称帝前的相当长的时间里，所接触的基本是流行于社会底层的散茶，他对于散茶有着天然的亲近。再者，朱元璋秉性简朴，最恶奇技淫巧。因此，他罢贡靡费民力的团茶就很容易理解了。皇帝的喜好往往能左右一个时代的风尚，散茶由此成为汉族饮茶的主流，而团饼茶则由此退出了汉族人的饮食生活。在少数民族聚集的地区，团饼茶还保持着其固有的地位，这一茶艺的格局，直到今天都没有改变。

明代散茶一开始用的是蒸青的杀青方法，逐渐地，蒸青被炒青所代替，明朝人对于炒青的技法的研究也就成了明代茶著不同于前代的一个亮点。在张源《茶录》、许次纾《茶疏》、罗廪《茶解》等著作中都详细解说了炒茶的技术要点。自从明代炒青技法盛行以后，各地茶人对炒青工艺不断革新，先后产生了不少外形、内质各具特色的炒青绿茶，如徽州的松萝茶，杭州的龙井茶、歙县的大方等。炒青技法的成熟有一个过程，在这个过程中不可避免地会出现一些失误，而这些失误又将错就错地产生了一些新的茶类。

二、散茶的品类

明清两代是我国茶叶品类出现较多的时期。在明朝以前，我国的茶叶基本上以绿茶为主，不管是唐代的饼茶还是宋代的团茶，其根本技术并没有本质的区别，茶艺的诸项指标也多有类似。从明朝以后，散茶流行，茶叶的种类很快的丰富起来，这些大多与散茶制作技术的发展有关。

（一）绿茶

绿茶是明清两代发展最迅速的茶类。从技术上来说，绿茶以炒青为主，许次纾这样论述炒青绿茶："生茶初摘，香气未透，必借火力以发其香。然性不耐功，炒不宜久。……炒茶之器，最嫌新铁，铁腥一入，不复有香，大忌脂腻，害甚于铁。……炒茶之薪，仅可树枝，不用干叶。……铛必磨莹，旋摘旋炒，一铛之内，仅容四两。"可见在炒青技法之初，人们对于炒茶的慎重程度。也有用蒸青法制作的茗茶，长兴的罗岕茶即是蒸青法制作的茗茶，在明清两朝，罗岕茶都极负盛名，是绿茶中的顶级产品。著名的绿茶还有杭州的龙井茶，龙井茶在宋代已经很有名，到了散茶流行之时，龙井茶的品质就更为人们所推崇，明高濂在《四时幽赏录》中说"西湖之泉，以虎跑为最，两山之茶，以龙井为佳。""龙井茶，虎跑水"因此成为茶中双绝；安徽的松萝茶在明朝时名气尤其大，明末清初的冒襄在《岕茶汇抄》认为当时的茶叶可以与罗岕相匹敌的只有松萝茶，许多茶著都将它放在名茶之首。明末时绍兴城里的许多茶叶店都号称他们所卖的茶叶是松萝茶，实际上却是用当地产的日铸茶假冒的，而这日铸茶也是品质上佳的历史名茶。但松萝茶的有名似乎更因为其药用价值，传说此茶消滞去腻有奇效，还可通便疗创。当时著名的绿茶还有六安茶、虎丘茶、阳羡茶、天池茶等。

资料：

松萝茶的功效

《秋灯丛话》："北贾某，贸易江南，善食猪首，兼数人之量。有精于岐黄者见之，问其仆，曰：'每餐如是，已十有余年矣。'医者曰：'病将作，凡药不能治也。'，俟其归，尾之北上，居为奇货。久之，无恙。复细询前仆，曰：'主人食后，必满饮松萝茶数瓯。'医爽然曰：'此毒唯松萝茶可解。'怅然而返。"

（二）黄茶与黑茶

黄茶是生产绿茶时技术失误而产生的附产品。黄茶最早产于安徽六安的霍山，这里茶叶的产量相当高，名声也响，一直远销到河南、山西、陕西等地。南方人认为这里的茶可以消积去滞，也很喜欢。但这么好的茶一直不能成为一流的茶叶，因为当地茶工在制茶时火力太大，以至于茶来不及出锅就已经焦枯，出锅以后又直接放入竹篓里，热量没散去，使茶叶进一步萎黄。因此，许次纾在《茶疏》里说它"仅供下食，奚堪品斗！"

黑茶也是绿茶的技术失误带来的附产品。不同的是，黄茶是因为炒茶时火力太大，而黑茶则是因为杀青时叶量过多，火温低，使叶色变为近似黑色的深褐绿色。或者是绿茶的毛茶堆积后发酵，渥成黑色。明朝的黑茶主要产于湖南安化，四川也是黑茶的重要产地。

黄茶与黑茶除了供社会下层人食用外，主要用作边茶。《明会典》载："穆宗隆庆五年，令买茶中与事宜，各商自备资本，收买真细好茶，毋分黑黄正附，一例蒸晒，每篦重不过七斤，运至汉中府辨验真假黑黄斤篦。"

（三）白茶

白茶之名见于唐宋，是指以偶然发现的白叶茶树采摘制成的茶。宋徽宗在《大观茶论》里说："白茶自为一种，与常茶不同……崖林树间，偶然生出。"由于稀少，白茶在被认为是茶中第一。明代的白茶则是采用不炒不揉的工艺制作而成。《煮泉小品》说："芽茶以火作者为次，生晒者为上，亦更近自然，且断烟火气耳。况作人手器不洁，火候失宜，皆能损其香色也。生晒茶瀹之瓯中，则旗枪舒畅，清翠鲜明，尤为可爱。"

（四）红茶

在茶叶的生产过程中，人们发现用日晒代替杀青，经揉捻后叶色会变红，由此开始了红茶生产。最早的红茶生产是从福建崇安的小种红茶开始的。清代刘靖在《片刻余闲集》说："（武夷）山之第九曲尽处有星村镇，为行家萃聚，外有本省邵武、江西广信等处所产之茶，黑色红汤，土名江西乌，皆私售于星村各行。"武夷山的小种红茶后来发展为工夫红茶，公元 1875 年，安徽人余干臣从福建罢官回乡，将福建红茶制法带了回去，在家乡开设茶庄，并试制工夫红茶成功，第二年，在祁门又开设茶庄生产工夫红茶，生产规模与影响逐渐扩大，从而产生了著名的祁门红茶。

前面所说的黄茶、白茶与绿茶之间没有太大的区别，而红茶则是完全不同于绿茶的茶类，它属于全发酵茶，发酵是生产红茶的特色程序，冲泡以后，红叶红汤，汤质透明、醇厚。红茶是清代茶业对世界饮品的贡献，当其诞生以后，很快受到国际市场的欢迎，成为海外茶饮的主流饮品。19世纪，中国红茶不仅以成茶的形式售往国外，红茶的生产技术也传到了东南亚地区。

（五）乌龙茶

关于乌龙茶的起源争议较多，有人认为乌龙茶出现于北宋时期，因为北宋时期福建茶业非常兴盛，乌龙茶有可能作为团茶的附产品而出现；也有人认为乌龙茶出现较迟，直至清咸丰年间才出现。但许多茶著中关于武夷茶的记载中都没明确地写出其制作方法。清代陆廷灿《续茶经》引王草堂《茶说》："武夷茶。茶采后，以竹筐匀铺，架于风日中，名曰晒青，俟其青色渐收，然后再加炒焙。阳羡岕片，只蒸不炒，火焙以成；松萝、龙井皆炒而不焙，故其色纯。独武夷炒焙兼施，烹出之时，半青半红，青者乃炒色，红者乃焙色也。茶采而摊，摊而揉，香气发越即炒，过与不及皆不可。既炒既焙，复拣去其中老叶、枝蒂，使之一色。"这是比较典型的乌龙茶的生产工艺，可以认为王草堂所说的武夷茶确属乌龙茶无疑。《茶说》成书于清代初年，因此，乌龙茶的工艺一定在此之前就形成了。

清初时，乌龙茶还不是很普及，北方人得到乌龙茶往往会很好奇，袁枚初饮武夷茶时，见壶小如香橼，杯小如胡桃，初尝觉得太过苦涩，再回味又余香满口，他在《试茶》一诗中写道："道人作色夸茶好，磁壶袖出弹丸小。一杯啜尽一杯添，笑杀饮人如饮鸟。"乌龙茶茶艺的优雅使其充满了精英文化的色彩，除了其产地外，在国内的大部分地方一直没有得到推广。在港台及东南亚地区，乌龙茶是很受欢迎的，因为这些地区的人有许多是闽粤两个地区的移民。清初，乌龙茶中的武夷茶名声较响，前面王草堂及袁枚等人所品尝的都是武夷茶，属于现在的闽北乌龙一类，到清朝中后期，闽南乌龙茶逐渐发展起来，质量不逊于闽北乌龙。闽南乌龙中的铁观音还被传到了台湾，成为台湾乌龙茶的源头。

乌龙茶是一种半发酵茶，其中的不同品种发酵程度也各不相同，闽北的武夷岩茶及大红袍等品种发酵程度较重，闽南的安溪铁观音发酵程度相对就要低一些，而台湾的冻顶乌龙则属于轻发酵的乌龙茶，茶味介于安溪铁观音与绿茶之间。

三、完善的茶艺

明清两代是中国传统茶艺集大成的时期。对于茶艺的研究，宋朝是一个高峰，这一高峰主要是由北宋的一些名家垒起来的，到南宋以后，由于与北方的强敌一直处于战争状态，休闲的茶艺很难得到较好的发展，元朝又因统治阶层的冷落，使得茶艺进一步被边缘化，成了少数知识分子的清玩。到明清两代，由于社会经济空前繁荣，茶艺这一休闲文化形式也得到了社会的普遍接受，在茶人们的推动下日臻完善。

（一）丰富的茶著

明清两代的茶著是茶艺史上最丰富的，这不仅表现在数量上，也表现在茶著的内容上。

对前代茶著的汇总是明代茶著的重要内容。如陆树声的《茶寮记》，所记均团饼茶时期的内容，对于明代的茶艺发展基本没有涉及；龙膺的《蒙史》收录内容既有明代以前的茶艺内容，也有明代人茶著的内容。喻政的《茶集》收录的是前人的茶艺诗文。这一部分著作对于茶艺资料的整理是下了一翻工夫的，对于研究明代以前的茶艺很有帮助。

对当代茶艺的研究是明清茶著的亮点。从明朝开始，散茶成为茶艺的主流，这是以往的茶艺中所没有出现过的情况，应该用什么方法来烹茶，应该搭配什么样的茶果，应该设计什么样的茶具，如何继承团饼茶茶艺的精华等，这些都是散茶茶艺碰到的新问题。明代的茶著就这些问题作了细致深入的研究，使得散茶茶艺一开始就处于一个较高的水平，而且茶艺内容之丰富也是前代所未有的。这一类茶著中著名的有朱权的《茶谱》、屠隆的《考槃余事·茶录》、许次纾的《茶疏》、陆廷灿的《续茶经》等。

茶史研究的水平也高于前代。清代考据学研究的方法被用在茶史研究中，对饮茶的渊源、流变作了非常详实的考证，使我们对茶艺史有了一个较为全面的了解。比较有代表性的是清朝刘源长所著的《茶史》。

评水著作在明清时期也空前地多，以至郑板桥有一对联说："从来名士能评水，自古高僧爱斗茶。"这一时期著名的评水著作有田艺衡的《煮泉小品》、徐献忠的《水品》等，此外还有许多精彩的评水诗文。

（二）变化中的文士茶

文士茶艺是从文人情趣出发设计的茶艺，目前所见的这一时期茶艺大多属于这一类。

文士茶艺的形式也是较多的，在散茶流行之初，文士茶艺常见到团饼茶的影子。如朱权在《茶谱》中说："予故取烹茶之法，末茶之具，崇新改易，自成一家"，具体的程式是："命一童子设香案携茶炉于前，一童子出茶具，以飘汲清泉注于瓶而炊之。然后碾茶为末，置于磨令细，以罗罗之，候汤将如蟹眼，量客众寡，投数匕于巨瓯，候茶出相宜，以茶筅掸令沫不浮，乃在云头雨脚。分于啜瓯，置之竹架，童子捧献于前。主起，举瓯奉客曰：'为君以泻清臆。'客起接，举瓯曰：'非此不足以破孤闷。'乃复坐。饮毕。童子接瓯而退。话久情长，礼陈再三，遂出琴棋。"朱权茶艺只是一碗茶，所用器具与团饼茶茶艺差不多，有茶炉、茶灶（朱权自制）、茶磨、茶碾、茶罗、茶匙、茶筅、茶瓯、茶瓶等。钱椿年的《茶谱》、屠隆的《考槃余事·茶录》中关于茶艺的内容与朱权的做法大致相同。朱权是明太祖朱元璋的儿子，被封为宁王，他以皇族的身份来研究茶艺自然会在当时产生不小的影响。

约在朱权之后150年，张源著《茶录》，其中所载的茶艺形式已经很少有团饼茶的影子了。张源在论及泡法时说："探汤纯熟，便取起。先注少许壶中，祛荡冷气倾出，然后投茶。茶多寡宜酌，不可过中失正，茶重则味苦香沉，水胜则色清气寡。两壶后，又用冷水荡涤，使壶凉洁。不则减茶香矣。罐熟则茶神不健，壶清则水性常灵。稍俟茶水冲和，然后分酾布饮。酾不宜早，饮不宜迟。早则茶神未发，迟则妙馥先消。"在论及投茶时说："投茶有序，毋失其宜。先茶后汤曰下投。汤半下茶，复以汤满，曰中投。先汤后上投。春秋中投。夏上投。冬下投。"已完全是从散茶的特点出发的茶艺。

明初的茶具基本是借用了团饼茶的茶具，随着散茶茶艺的逐渐成熟，茶具也跟着完备起来。高濂的《遵生八笺》中所记载的明代茶具分为茶具与总贮茶具两大类。

茶具有十六件："商象，古石鼎也，用以煎茶；归洁，竹筅帚也，用以涤壶；分盈，勺也，用以量水斤两；递火，铜火斗也，用以搬火；降红，铜火箸也，用以簇火；执权，准茶秤也，每勺水二斤，用茶一两；团风，素竹扇也，用以发火；漉尘，茶洗也，用以洗茶；静沸，竹架，即茶经支腹也；注春，瓷瓦壶也，用以注茶；运锋，果刀也，用以切果；甘钝，木砧墩也；啜香，瓷瓦瓯也，用以啜茶；掩云，竹茶匙也，用以取果；纳敬，竹茶囊也，用以放盏；受污，拭抹布也，用以洁瓯。"

总贮茶具有七件："苦节君，煮茶竹炉也，用以煎茶；建城，以箬为笼，封茶以贮高阁；云屯，瓷瓶，用以勺泉，以供煮也；乌府，以竹为篮，用以盛炭，为煎茶之资；水曹，即瓷缸瓦缶，用以贮泉，以供火鼎；器局，竹编为方箱，用以收茶具者。外有品司，竹编圆橦提合，用以收贮各品茶叶，以待烹品者也。"

（三）风味浓郁的民俗茶

民俗茶艺是从茶艺在日常生活中的应用情况出发设计的，在一些地区，这样的茶艺可以是约定俗成的，有成熟的程序，如擂茶，而在另一些地方，民俗茶艺则没有固定的套路，很随意，后一种情况在民俗茶艺中较为多见。民俗是一种文化的残余，当其沉淀在茶文化中时，它浓郁的生活风味使其迥然区别于优雅的文士茶。

明中后期，杭州人在喝茶时喜欢配上熏梅、咸笋、糖桂花、樱桃等食物，这些有的是当小吃用的，有的则是放在茶里的。这样的做法，在喜爱文士茶的人来看是不入流的，但却是前代茶文化中遗留下来的东西。早在汉晋时期，人们饮茶就常配上果品，宋元时期的一些文人也常在茶里加上食物，再加上元朝蒙古人的饮食习俗的影响，用茶配上其他食物一同食用，甚至放在一起调配成糊状也都是很常见的。如元朝的倪瓒就把松子、核桃、真粉捣碎做成一粒粒的小方丁，如小石块一样，放入茶中，客来时用沸水冲泡了奉客，还起了一个好听的名字："清泉白石茶"。类似这样的茶在元代很常见，元代忽思慧在《饮膳正要》中也收集了一些，如"构杞茶。构杞五斗，水淘洗净，去浮麦，焙干，用白布筒净，去蒂萼、黑色，选拣红熟者，先用雀舌茶展溲碾子，茶芽不用。次碾构杞为细末，每日空心用一匙头，入酥油搅匀"；"玉磨茶。上等紫笋五十斤，筛筒净，苏门炒米五十斤，筛筒净，一同拌和，匀入玉磨内磨之成茶"等。这些饮茶方法在民间一直流传了下来。在《西游记》里曾多处写到用这样的茶来待客的情形。

在民俗茶中，擂茶是很有代表性的。关于擂茶由来的传说有两种。一种是说张飞领兵至武陵时，军中疫病流行，当地百姓献上此茶，士兵服后，病情好转，避免了疫病的进一步扩散，后来当地百姓也因此养成了喝擂茶的习惯。还有一种说法是汉代伏波将军马援南征时，军卒多为北方人，水土不服，疫病流行，当地一老妪献上擂茶秘方，解救了大军。这两则传说很相似，只是将张飞换成了马援。在这两个传说中，我们还可以发现一点：擂茶的流行成俗，与茶的药用价值有关。擂茶又名"三生汤"，早期的擂茶是用生茶叶、生姜、生米三样混合研捣成糊状，再加水煮熟或用沸水冲熟而成，现今的擂茶，在原料的选配上已发生了较大的变化。除通常用的茶叶外，再配上炒熟的花生、芝麻、米花等；另外，还要加些生姜、食盐、胡椒粉之类。将这许多配料一起放在特制的陶制擂钵内，用硬木擂棍用力旋转碾碎，使各种原料相互混合，再分盛于碗中，用沸水冲泡，用调匙轻轻搅动几下，即调成擂茶。也有些地方省去擂研，直接将多种原料放入碗内用沸水冲泡，但冲茶的水必须是刚刚烧开的。在擂茶的制作及饮用中，既可以看见汉晋茶艺萌芽时期的影子，也可以看见唐宋团茶的一些调制手法，也有元代蒙古人饮茶的遗风。

明清时期，茶已经完全融入人们的日常生活中，许多民俗茶艺在不同民族、不同地区都有存在，如清代天津人爱喝的茶汤、江淮地区夏季用来消暑的糊米茶等就与擂茶相似；有些民俗茶艺的名称都是一样的，如西南地区的白族有三道茶，在逢年过节、生辰寿诞、男婚女嫁、拜师学艺等喜庆日子里，或是在亲朋宾客来访之际，都会以"一苦、二甜、三回味"的三道茶款待。江淮地区也有相似的习俗，只是比白族的做法更为简单，所谓"三道"也只是上三次茶，而且茶往往被元宵等茶点所代替。清朝中后期，西洋的茶宴开始被国人注意，姚元之《竹叶亭杂记》中有记载："（澳门）客至，款留酒果，设大横案，铺以白布，列果品茶酒于其上……饮以熬茶，和以白糖，一女斟茶，则一女调糖，令鬼奴按客座以进。"

（四）茶馆的盛况

茶馆是茶艺普及的场所。大约在汉晋时期出现了茶摊，到唐朝时，茶馆业已初具规模，据《封氏闻见记》载："自邹、齐、沧、棣，渐至京邑城市，多开店铺，煎茶卖之。不问道俗，投钱取饮。"邹、齐、沧、棣是今天的河南、山东、河北、陕西，京邑是指长安，这些不产茶的北方地区都开了很多茶馆，产茶的南方茶馆的数量一定更加可观了。到了宋代，开始出现了专业的茶馆，有的规模较大，高中低档不等，如唐代那样的茶馆也还有，并且也得到了很好的发展。一般来说，宋代的茶馆大都有固定的客源，面向不同的社会阶层。在营业时间和内容上都很灵活，《梦粱录》载："（汴京及杭州的茶肆）四时卖奇异茶汤，冬月添卖七宝擂茶、馓子、葱茶，或卖盐豉汤，暑天添卖雪泡梅花酒，或缩脾饮暑药之属。"据《东京梦华录》记载，潘楼街东巷的茶坊，每天早晨五更天就点灯做生意，还有一些专供仕女夜游吃茶的夜茶坊。为了吸引客人，不少茶馆还有说书人讲古论今。

资料：

赠茶肆（选四）
元·李德载

茶烟一缕轻轻扬，搅动兰膏四座香，烹煎妙手赛维扬。非是谎，下马试来尝。
木瓜香带千林杏，金橘寒生万壑冰，一瓯甘露更驰名。恰二更，梦断酒初醒。
金樽满劝羊羔酒，不似灵芽泛玉瓯，声名喧满岳阳楼。夸妙手，博士便风流。
金芽嫩采枝头露，雪乳香浮塞上酥，我家奇品世上无。君听取，声价彻皇都。

元代的蒙古统治者受汉族文化的影响较小，对于茶的热爱远不及前朝。元朝茶馆的经营情况在李德载的十首散曲《赠茶肆》中可略见一斑，总的来说还是继承了宋人的风格。

明代茶馆无论是在数量、规模还是经营内容上都比唐宋时期有了很大的发展。《杭州府志》记载，嘉靖二十一年三月，有位李姓商人在杭州开了一家茶馆，开张之后，生意兴隆，财源滚滚，引得人们竞相仿效，旬月之间，杭州城里新开茶馆50余家。明朝初年，朱元璋诏令停止进贡团茶，使散茶在历史上第一次成为茶馆经营的主角，而散茶与团茶截然不同的饮用方式使得明代的茶馆比前代更多了一份自由的气氛。散茶没有了团饼茶复杂的烹点过程，人们的注意力渐渐放到了煮茶用水和茶具上面。明朝万历年间，南京有一茶馆，以炭火煮雨水，精具泡银针；明朝末年绍兴有一家茶馆"泉实玉带，茶实兰雪，汤以旋煮，无老汤，器以时涤，无秽器"，十分讲究择水、火候与器皿。散茶的流行也推动了茶具的改革，宋元时期的黑瓷茶具渐渐退出，白瓷和紫砂渐成时尚。茶点也很丰富，《金瓶梅》中提到的茶点有四十多种。

清朝是中国茶馆真正的鼎盛时期。清朝北京城里有名的茶馆有 30 多家，上海有 60 多家，而太仓的璜泾镇居民数千家，茶馆却多达百家。扬州城的茶馆更多且奢华，《扬州画舫录》说："吾乡茶肆，甲于天下，多有以此为业者，出金建造茶园，或鬻故家大宅废园为之。楼台亭舍，花木竹石，杯盘匙箸，无不精美。"如"明月楼茶肆在二道桥南，南岸外为二道沟，中皆淮水，逢潮汐则江水间之。肆中茶取于是，饮者往来不绝，人声喧阗，杂以笼养鸟声，隔席相语，恒以眼为耳。"受此浓郁茶风影响，乾隆帝还在圆明园里开了一家同乐园茶馆。据《清稗类钞》记载，清代茶肆所卖的茶有红茶、绿茶两大类，"红者曰乌龙、曰寿眉、曰红梅；绿者曰雨前、曰明前、曰本山"，但北京的茶馆中所卖茶叶以"香片"居多，饮茶也很随意，可用壶，可用碗，可自备茶叶，八旗官员与贩夫走卒杂坐闲话也不觉得丢了身份。

明清时期的茶馆有清茶馆、书茶馆、野茶馆、茶餐馆等。

清茶馆　以卖茶为主，景雅器洁，来此喝茶的人大多是文人雅士。明末的张岱特别喜欢一家清茶馆，还曾取米芾"茶甘露有兄"之句为其题名曰"露兄"。南京城里有一家和尚开的茶舍，摆设高档的宣壶锡瓶，每天只接待几个人，当然来的都是当时的名士公卿。来这样的地方品茶是身份的象征。

书茶馆　卖茶之外，兼有艺人说书唱曲，时间久了，茶馆戏园合二为一。最早的戏馆统称茶园，是朋友聚会喝茶谈话的地方，看戏不过是附带性质，而且一开始戏馆不卖门票，只收茶钱。

野茶馆　此类茶馆多开在郊外道边，简陋随意，来此喝茶的大多数是社会下层人，因其环境自然多野趣，对文人雅士也有吸引力。

茶餐馆　清代北京将茶餐馆叫作"二荤铺"，与宋代的分茶酒店类似，除了卖茶，也卖些酒水饭菜，但一般不会卖宴席，虽然茶已经不是这类酒店主要的挣钱渠道，但基本上还保留着茶文化的简单朴素的特点。

（五）现代的茶艺

现代茶艺的名称在 20 世纪 70 年代由中国台湾的茶人定了下来。1978 年，台湾茶人酝酿成立茶文化组织，台湾地区民俗学家娄子匡提出，为区别于日本的"茶道"，在台湾使用"茶艺"一词，此后，"茶艺"被多数茶人所接受，这是台湾茶人对现代茶文化的一大贡献。现代茶艺的类型有三种分类方法，一是以人为主体来分，二是以表现形式来分，下面会对这两种分类作一些说明，第三种是以茶为主体来分，在后面的章节里，将以这种分类来介绍茶艺，这个地方就不多说了。

以人为主体来分 这是对茶艺进行分类的最常见的方法，通过对茶艺活动中的主体的层次分析来确定茶艺的类型。可以将茶艺分为四类：文士茶艺、民俗茶艺、宗教茶艺、宫廷茶艺。

文士茶艺是中国茶艺的主体，从茶艺萌芽以来，文士茶艺的脉络就没有隔断过。文士茶艺对其他类型的茶艺也有着非常重要的影响，有时甚至是方向性的影响，陆羽的茶道是中国最早的文士茶艺，自其诞生以后，天下的茶艺为之一变，不仅文士，从寻常百姓到帝王贵胄在饮茶时都采用了陆羽的茶艺，直到明代朱权时期，还可以看到陆羽茶道的影响。在资讯不发达的古代，陆羽这样的成就是很了不起的。从陆羽之后，中国文人对于茶艺一直保持着很高的热情，对于茶艺的探索也一直没有断过，但无论茶艺的形式如何改变，文士茶艺的精神特征没有变。由于文士在中国政治、文化中占有极其重要的地位，文士茶艺也就一直成为中国茶艺中的主流，成为社会各阶层效仿的榜样。现代社会里，传统的文士阶层已经模糊不清了，但是如果用白领阶层来代替，可以发现，这仍是传承茶艺最重要的一个群体，研究茶艺的是他们，消费茶艺时他们是最有品位的一个人群，也是消费能力最强的一个群体。

民俗茶艺不是中国茶艺的主流，但却是最有生命力的一个类型。中国最早的茶艺就是流行在四川的民俗茶艺，当它传出四川之后，又渐渐成为中国最重要的民俗，现在中国大多数民族、地方的民俗中都有关于茶的民俗，这些茶俗以茶艺的形式表现出来就是民俗茶艺。目前的茶俗基本上都还处于原生态，即使在南方的一些产茶区也很少有经过认真整理的民俗茶艺，不过随着旅游经济的发展，茶俗很有潜力成为现代茶艺的组成部分的，如四川的"盖碗茶"，江西修水的"菊花茶"、云南白族的"三道茶"、还有流行在南方多个省份的"擂茶"等。从图1–5的图示我们可以看出，由民俗而来的茶艺，与严格意义上的茶道之间是有距离的。

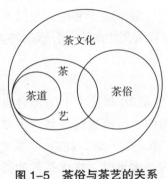

图1–5 茶俗与茶艺的关系

宗教茶艺的成形较晚，但宗教对茶艺的影响却很早。由于茶的提神作用，僧道等人士在打坐时都少不了它，渐渐地，茶就成了这些宗教界人士的日常生活必需品了。唐代北方茶饮的流传就与宗教有着密切的关系，《封氏闻见录》卷六记载："开元中，泰山灵岩寺有降魔师，大兴禅教。学禅，务于不寐，又不夕食，皆许其饮茶，人自怀挟，到处煮饮，从此转相仿效，遂成风俗。"唐代著名道士卢仝的名诗《走笔谢孟谏议寄新茶》在当时就被广为传唱。唐代来中国留学的日本高僧最澄、空海和永忠和尚等人在回国时都将唐朝的茶饮带回了日本，他们所带回的茶饮方式应是宗教茶艺的雏形，宗教茶艺的真正成形是在南宋时，当时在许多的寺院里，茶不仅被赋予了宗教意义，还有一整套的充满宗教味道的形式，其中最具代表性的是临安附近的径山寺和天台山的万年寺的茶宴，由荣西禅师传到日本后，成为日本茶道的起源。现代的宗教茶艺主要是指禅茶，但由于佛教的没落，禅茶往往也徒有其表，徒具其形了。无我茶会是现代茶艺中真正意义上的禅茶。20世纪80年代无我茶会兴起于我国的台湾地区，后来流传到韩国、日本等地。"无我"为佛教语，提倡"无我"即是要消灭人们的一切妄想，达到清静的境界。无我茶会的程序为：按照约定抽签主座，不分尊卑，一律席地而坐，围成一圈，自带茶具、茶叶、热水，人人泡茶，人人奉茶。每人泡茶四杯，各自向左边的三位茶侣各奉一杯，自留一杯，同时自己也得到右边茶侣四人的奉茶。这样各人喝四杯，大家都能尝到各种茶的味道。连泡三次，然后各自收拾茶具，散会。茶会进行期间禁止讲话，一切举动相互配合默契。

宫廷茶艺可以上溯到唐朝。1987年2月，从法门寺地宫里出土了唐僖宗所用过的金银茶具，精美异常，唐代的宫廷茶艺由此可见一斑。宋朝是宫廷茶艺的第一个高峰，宋徽宗赵佶以皇帝之尊撰写了《大观茶论》，书中所写的茶艺当然是宫廷的茶艺，除了有自己专用的高级茶具，宋代的宫廷茶艺专用的茶叶——龙凤团茶，是皇室为了从形式上区别于民间的茶而特意设计的，这在宫廷茶艺史上是不多见的（图1-6）。明清散茶流行以后，宫廷茶艺主要是以其高档的用具和茶叶区别于其他茶艺形式，当然用具的不同也就体现出了精神的不同。现代的宫廷茶艺与其他茶艺形式并无太大的差别，常见的就是穿上清代的宫廷服装，而没有实质的精神内容。这主要是现代人对于古代宫廷生活并不了解，而现实中又找不到可参考的例子，因此，可以说，宫廷茶艺随着帝制的灭亡而灭亡了。

图 1-6　文会图中的宫廷茶艺

以表现形式来分　现代茶艺的表现形式有三种类型：表演型、待客型、独饮型。

表演型茶艺是这些年来最常见的茶艺类型。大型的茶艺表演会有很多观众，由一个或几个表演者在台上演示茶艺的技巧与程式，甚至还会有歌舞相伴。在这样的茶艺中，只能有少数贵宾得到品茶的机会，大多数人只能看看而已。大型表演茶艺其实与茶艺的精神相去甚远，而且多数伴随着茶叶、茶具的推销。小型的茶艺表演形式接近茶会，参与者不会太多，也基本上能品尝到茶人所泡的茶。表演型茶艺对于现代茶艺有一定的推广作用，也有一定的娱乐性，受到一部分人的喜爱。长流壶茶艺是表演型茶艺中常见的一种，也是最具观赏性的一种。晚清时期，长流壶在全国大部分地区都有流行，随着东部地区经济快速发展，交通条件日益改善，长流壶的实用功能逐步失去意义。而在西部地区，由于经济发展、交通状况改善相对滞后，直到民国时期仍然普遍流行。

待客型茶艺常见于茶馆中，客人落座以后，茶艺师捧来茶具，按照既定程式做下来，有一定的观赏性，但主要的还是要泡出一壶好茶来。茶馆中常见的茶艺以乌龙茶茶艺居多，而绿茶茶艺由于相对简单，一般就不当着客人的面来泡，或者由客人自己来操作。待客型茶艺对于茶具的配套比较讲究，对于饮茶的环境也有一定的要求，茶艺的程式较为实用，是表演型茶艺的简化。中国人从来就有客来敬茶的礼节，因此，待客型茶艺在很多地区的家庭中广泛地存在。

独饮是茶艺的最高境界，也可能是茶艺的最简单的形式。独饮时的茶艺又是待客型茶艺的简化，没有了烦琐的程式，也没有拘束的礼数，只要有个品茶的心情就行了。由于独饮只是一个人饮茶，因此，虽然对茶人的修养要求很高，却没有普遍的意义。

本章小结:

本章以茶艺之路为题,对茶艺发展的历程作了概览,以唐煮、宋点、明清撮泡法为线索,对茶艺涉及的各个方面作了简要的介绍,尤其对茶艺发展的文化背景介绍得较多些。关于茶艺的具体内容,在后面的章节中有更详细的介绍,本章中只作一点提示。从文化、历史的角度来认识茶艺是本章的主旨,希望读者通过本章的学习,对茶艺也能有整体的认识。

思考题

1. 关于茶艺起源的传说与茶艺的发展有着什么样的关系?
2. 宗教对早期茶艺的发展有什么影响?
3. 煎茶法与点茶法有何异同?
4. 明代散茶的品类有哪些? 各有什么特点?
5. 文人对茶艺的发展有怎样的推动?

第二章

茶类之品

本章内容： 介绍茶类品鉴的历史及不同茶类的品鉴方法。

教学时间： 8课时。

教学目的： 通过本章的学习，使学生对历史上出现的茶叶品类有清晰的认识，以此作为理解古代茶艺的基础；现代的茶类较多，很多只需要有大体的认识，但对于绿茶、红茶和乌龙茶应着重了解，对现代茶叶的品质鉴定及保管方法也应该有基本了解。

教学方式： 课堂讲述和实验理解。

教学要求： 1. 了解不同茶类发展的历史阶段。

2. 掌握散茶的品评方法，这是本章的重点。

3. 掌握不同种类散茶的保管方法。

作业布置： 收集身边常见的一些茶叶，熟悉其外形、色泽与季节特点。

从中国人开始饮茶到现在，茶叶的品种可说是千差万别，古代的不说，现代的茶叶品种就多得不可胜数，即便是茶叶专家也不一定认得全。不同的茶类，不同的品种，有着不同的评价标准和鉴别方法，即使是同一类茶叶，古今的质量标准也是不一样的。这些差别与时代的审美观有关，也与茶叶的烹点方式有关。在本章里，将介绍古今不同茶叶的品种及其品评标准。我国茶叶从制作技术角度可分为团饼茶时期与散茶时期两个大的时期。这两个时期对于茶叶的品评标准与方法完全不同，但由于这两个时期不是截然分开的，它们的品评标准也有一定的相互影响。两个时期里面，分别还可以再分成几个部分，其对于茶叶的品评标准也是不同的。

第一节　团饼茶的品评

团饼茶在中国茶叶中存在的时间最长，从汉晋时期就开始使用的团饼茶不少地方直到现在还在使用，即使算到明朝罢团茶时为止，团饼茶在我国流行的时间也有 1000 多年了。团饼茶的发展大致可按茶艺的分期分为萌芽期、成形期、发展期、衰落期四个时期，这四个时期有着各自的评价标准，相互之间有继承也有发展。

一、萌芽期

汉晋南北朝时期是茶叶发展的初级阶段，也就是萌芽期，饼茶的基本制作方法就形成于这一时期，当时已经对茶叶的质量进行分级，晋朝郭璞在《尔雅注》里说茶"早采者为茶，晚采者为茗"。是以采茶的时间来分茶的品级，《世说新语》里记载了一则故事，说西晋的一个名士任育长在经历了战乱后变得神思恍惚，以至于在欢迎他的茶宴上辨不清所饮的是"茶"还是"茗"。

除了以采制时间来评价茶叶，人们也已经注意到了茶的老与嫩，汉代许慎在《说文解字》中说"茗，荼芽也"，《魏王花木志》中提到："荼，叶似栀子，可煮为饮。其老叶谓之荈，（嫩）叶谓之茗。" 说的是嫩的茶芽与老的茶叶。但在不同的地方，荼、茗、荈的意思可能都不一样，以至于后来，这些名称成了茶叶的别称，失去了作为评价标准的意义。

野生茶与园生茶是这一时期又一个茶叶评价标准，汉晋南北朝时期，长江中下游地区已经广泛地种植茶叶，人们所饮用的茶基本上都是人工种植的园生茶，野生茶对于许多人来说是难得一尝的，其味道当然也与园生茶有差别，在人们看来，野生茶的品质要好于园生茶，甚至将野生茶神话了。

总的来说，这一时期的茶叶评价标准是模糊的，茶、茗、荈以及野生茶的质量谁好谁差，并没有一个统一的说法。

二、成形期

唐代的饼茶生产技术有了较大的提高，对于茶饼品质的品评标准经陆羽的整理已基本达成统一的认识，加上陆羽曾在江浙一带为皇家督造茶叶以及《茶经》的流行，他的标准很自然地就成为国家标准了。唐代的饼茶造型质朴，崇尚自然的风味（图2-1）。对于饼茶的品评原理，陆羽从茶叶采摘、制茶和品质鉴定的方法三个方面进行了论述。

图2-1　出土的唐代饼茶

唐代的采茶主要是在春天里，陆羽说："凡采茶，在二月、三月、四月之间。"这可能是从上层社会的要求来出发的，秋茶的味道逊于春茶，如果有的话，也只是在社会中下层人群中流通，或者用来充作边茶。对于茶芽的选择有"笋""芽"的区别，此二者都是指细嫩的茶芽，"笋"是最高级别的嫩芽，但也不能太细小，叶长"四五寸"。采茶的时机也有要求，"其日，有雨不采，晴有云不采。"陆羽所提出来的采茶的要求后来成了茶业生产中的常规要求。明代屠隆在《考槃余事》里说："采茶不必太细，细则芽初萌味欠足；不必太青，青则茶已老味欠嫩。须在谷雨前后，觅成梗带叶，微绿色而团且厚者为上。"与陆羽的观点一致。

唐代茶的产量上升很快，茶的品种也很多，陆羽将常见的茶叶分为八个等级："茶有千万状，卤莽而言，如胡人靴者，蹙缩然；犎牛臆者，廉襜然；浮云出山者，轮囷然；轻飙拂水者，涵澹然；有如陶家之子，罗膏土以水澄泚之；又如新治地者，遇暴雨流潦之所经；此皆茶之精腴。有如竹箨者，枝干坚实，艰于蒸捣，故其形籭簁然；有如霜荷者，茎叶凋沮，易其状貌，故厥状委萃然；

此皆茶之瘠老者也。"图2-2是模拟的《茶经》中八等茶饼。对于这八个等级茶饼的鉴定方法是："自胡靴至于霜荷，八等。或以光黑平正言佳者，斯鉴之下也；以皱黄坳垤言佳者，鉴之次也；若皆言佳及皆言不佳者，鉴之上也。何者？出膏者光，含膏者皱；宿制者则黑，日成者则黄；蒸压则平正，纵之则坳垤；此茶与草木叶一也。茶之否臧，存于口决。"陆羽认为，仅从外表的某一个指标来鉴别茶的好坏是不能够得出正确的结论来的。

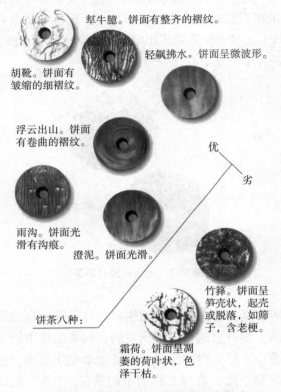

毂牛臆。饼面有整齐的褶纹。

轻飙拂水。饼面呈微波形。

胡靴。饼面有皱缩的细褶纹。

浮云出山。饼面有卷曲的褶纹。

优

劣

雨沟。饼面光滑有沟痕。

澄泥。饼面光滑。

饼茶八种：

竹箨。饼面呈笋壳状，起壳或脱落，如筛子，含老梗。

霜荷。饼面呈凋萎的荷叶状，色泽干枯。

图2-2 《茶经》中八等茶饼示意图

三、发展期

宋元时期的团茶的评价标准与唐代的饼茶有着非常大的差别。在上一章里曾说过，宋代的团茶与唐代的饼茶最大的差别在于过黄，过黄以后的团茶比没有过黄的饼茶要美观得多，茶汤的色泽也不一样了，但过黄以后茶的味道也减损的不少。

团茶在采茶方面的要求与唐代的饼茶相似，也有一些不同之处，要求采茶工随身带着新汲水，采到茶芽就投入水中，这是唐代所没有的做法。贡茶所采以芽如雀舌谷粒者为上，称为"斗品"，一芽一叶及一芽二叶的也都还可用，其余的只能拿来做成民用的食茶或边销茶。对于雀舌的看法南北有别，沈括在《梦溪笔谈》中说，当时的上等茶因品种与以前有所不同，茶芽细如针，长有寸余。还有一首论茶诗说："谁把嫩香名雀舌，定来北客未曾尝。不知灵草天然异，一夜风吹一寸长。"

贡茶的生产要求很严，茶人们对影响团茶质量的种种因素进行了分析，有下面几个方面的原因：一是采造过时，只要在试茶时汤色不是鲜白、水色微微发红的都是采造过时的毛病；二是白合盗叶，所谓白合盗叶是"一鹰爪之芽，有两小叶抱而生者，白合也。新条叶之抱生而色白者，盗叶也。"这白合盗叶会损害茶的味道；三是入杂，就是茶叶中被掺入其他植物的叶片，这属于掺假的茶叶；四是蒸不熟，蒸不熟时，虽然有上好的茶芽也不会有好质量，而且会有类似桃仁的气味，蒸得恰到好处的茶冲点后气味甘香；五是蒸得过熟，过熟的茶色黄，但比不熟的要好；六是焦釜，就是在蒸茶时将汤蒸干以致熏损茶黄，这样在试茶时汤色多昏红，气焦味恶，称为热锅气；七是压黄，黄是指蒸过的茶叶，蒸过以后的茶叶没能及时制作叫压黄，这样的茶试汤时色泽不鲜明，还会有一些淡淡的臭气；八是渍膏，就是没榨干茶汁，试茶时虽然颜色不错，但会有苦味；九是伤焙，烘干时火中带烟，使得茶汤发红，有烟火气。朝廷对贡茶生产中的卫生状况十分重视，宋太宗曾专门发出诏书："建州岁造龙凤茶，先是研茶丁夫悉剃去须发，自今但幅巾洗涤手爪，给新净衣。更敢违者，论其罪。"要求茶工在操作时保持个人的清洁卫生。

宋代团茶以白色为好，白色有青白与黄白之分，蔡襄说："黄白者受水昏重，青白者受水详明，故建安人斗试以青白胜黄白。"这是团茶一贯的标准，宋徽宗在《大观茶论》里说："天下之士，励志清白"，就是借茶的青白来喻人的品行。对于团茶的色，《大观茶论》有更细致的论述："茶之范度不同，如人之有首面也。膏稀者，其肤蹙以文；膏稠者，其理敛以实；即日成者，其色则青紫；越宿制造者，其色则惨黑。有肥凝如赤蜡者。末虽白，受汤则黄；有缜密如苍玉者，末虽灰，受汤愈白。有光华外暴而中暗者，有明白内备而表质者，其首面之异同，难以概论，要之，色莹彻而不驳，质缤绎而不浮，举之则凝然，碾之则铿然，可验其为精品也。有得于言意之表者，可以心解。又有贪利之民，购求外焙已采之芽，假以制造，研碎已成之饼，易以范模。虽名氏采制似之，其肤理色泽，何所逃于伪哉。"

香气要求以茶的自然香气为上，在茶里添加香料的做法受到了蔡襄等茶人的指责。蔡襄说："茶有真香，而入贡者微以龙脑和膏，欲助其香。建安民间试茶，皆不入香，恐夺其真。"宋徽宗也说："茶有真香，非龙麝可拟。要须蒸及熟而压之，及千而研，研细而造，则和美具足。入盏则馨香四达。秋爽洒然。或如桃仁夹杂，则其气酸烈而恶。"由宋徽宗所说，可以看出两点：一是在当时的贡茶中加香料的做法应该被禁止了，贡焙不会把皇帝不喜欢的茶叶贡上去的；二是除了加香料外，因蒸制不当，使茶产生了像桃仁的气味，这在贡茶中也不被采用。

团茶的外形远比饼茶要美观，尤其是作为贡品的龙凤团茶。丁谓在造团茶时生产了大龙凤团茶，一斤八饼，蔡襄造的小龙凤团茶，一斤二十八饼，茶饼上都有精美的龙凤图案，其后，龙凤团茶的制作日益精美。北宋宣和庚子年，郑可简在北苑督造团茶，首创"银丝水芽"，"盖将已拣熟芽再剔去，只取其心一缕，用珍器贮清泉渍之，光明莹洁，若银线然。其制方寸新銙，有小龙蜿蜒其上，号龙团胜雪"，"龙团胜雪"可谓是团茶之中的顶尖之作，之后一直没有超过它的团茶精品。宋人熊蕃在《宣和北苑贡茶录》里收录了一些龙凤团茶的图案及制作规格（图2-3）。可以说，宋代的龙凤团茶将我国茶叶的形式之美发挥到了极致。

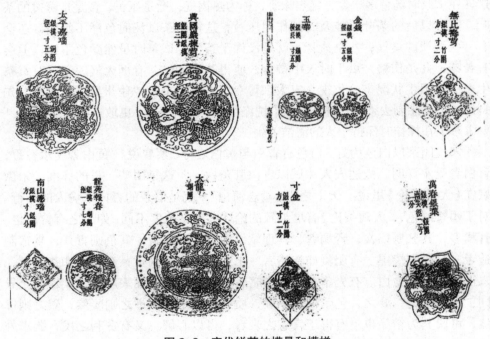

图2-3　宋代饼茶的模具和模样

四、衰落期

团饼茶的衰落应从元朝开始，当时龙凤团茶主要是作为贡茶存在的，在社会上很少见到了，在整个元代，竟然没有一本研究茶叶生产或茶艺的著作，由此可见一斑。团茶的衰落与蒙古统治者的饮食习惯有关，他们习惯了大碗喝酒、大块吃肉的生活，对汉族的精致茶文化难以认同。民间饮茶有散茶与末茶两种，都是以茶芽制成，下层百姓所饮的食茶质量更差一些。到明朝罢团茶以后，团饼茶是真的衰落了，在汉族人的饮茶生活中，团饼茶渐渐退出，只是在边茶中饼茶还保留着其固有的地位。团饼加香饰金在宋代已被很多人批评，到明代这种情况依然存在。明代朱权评价团茶说："杂以诸香，饰以金彩，不无夺其真味。"许次纾也说："冰芽先以水浸，已失真味，又和以名香，益夺其气，不知何以能佳也！"这也是团饼茶被淘汰的原因之一。

散茶发展过程中产生的一些再加工的紧压茶逐渐代替了唐宋的团饼茶成为边疆少数民族赏用的食茶，其中的普洱茶在明清之际重新受到人们的重视。普洱茶在元朝时被称为"普茶"，明朝万历年间才定名为"普洱茶"，清朝是普洱茶的极盛时期，《普洱府志》记载："普洱所属六大茶山……周八百里，入山作茶者十余万人。"包括普洱在内的砖茶是这一时期团饼茶的代表，关于这些茶叶的品评标准将在下一节中介绍。

第二节　散茶的品评

前面讲过，散茶与团饼茶有一个重叠的时期，在宋元团饼茶占据着茶叶高端地位的时候，散茶作为下层百姓的食茶已经普遍存在了，从苏东坡"日高人渴漫思茶，敲门试问野人家"可知从乡村百姓那里讨来的多半是散茶。散茶从一开始就有着自己的评价标准，到明代散茶成为茶饮的主流以后，散茶的评价标准也日益完善。

一、古代散茶的标准

陆游诗："雨霁鸡栖早，风高雁阵斜。园丁刈霜稻，村女卖秋茶。"写的是他幽居浙江时的生活，诗中村女所卖的应当是散茶，在宋代，团饼茶大多为春天所采，而且是社会中上层饮用的居多，乡村的农民所饮主要是散茶。散茶中也有一些著名的品种得到士大夫们的赏识，著名的如西湖的宝云茶、浙江的日铸茶、江西的双井茶等。欧阳修《归田录》说："腊茶出于剑建，草茶盛于两浙，两浙之品，日注为第一。自景祐已后，洪州双井白芽渐盛。近岁制作尤精，囊以红纱，不过一二两，以常茶十数斤养之，用辟暑湿之气，其品远出日注上，遂为草茶第一。"由欧阳修所说可见，在团饼茶时期，人们对于散茶的质量要求已经很高了。茶叶要求干燥，散茶不能像团饼茶那样用油腊封起来，于是就放在普通的茶叶堆里。

散茶一般要求采于谷雨之前，以一枪一叶的嫩芽为好，从宋朝以后，针形的茶芽被认为是最好的茶。所采茶芽，"阳崖阴林，紫者为上，绿者次之"。在制作方法上，明代屠隆认为"茶有宜以日晒者，青翠香洁，胜于火炒"，但这样的日晒法在古代散茶的制作中不多见。

对于茶叶质量的鉴别，明代的张源在《茶录》一书中写得比较清楚："茶之妙，在乎始造之精。藏之得法，泡之得宜。优劣定乎始锅，清浊系乎末火。火烈香清，锅寒神倦。火猛生焦，柴疏失翠。久延则过熟，早起却还生。熟则犯黄，生则着黑。顺那则甘，逆那则涩。带白点者无妨，绝焦点者最胜。"茶叶的质量首先与炒茶时火候有关，所谓"火烈香清，锅寒神倦"，火旺，茶的香气才会出来，锅太冷，茶的味道也就少了许多，但火力太猛会把茶炒焦。炒的时间也很重要，时间长了，茶叶炒黄了，时间短了，茶叶太生易发黑。炒出来的茶叶上面如果有白点，对质量没有妨碍，没有焦点最好。明代的许次纾在《茶疏》里也说："过熟而香散矣。"火候是炒茶时最重要的。炒茶的器皿也很重要，《茶疏》说："炒茶之器，最嫌新铁，铁腥一入，不复有香。大忌脂腻，害甚于铁。须豫取一铛，专用炊饮，无得别作他用。"

明代罗廪在《茶解》中首次明确提出散茶的三个质量要素："茶须色香味三美具备，色以白为上，青绿次之，黄为下。香如兰为上，如蚕豆花次之，以甘为上，苦涩斯下矣。茶色贵白。白而味觉甘鲜，香气扑鼻，乃为精品。盖茶之精者，淡固白，浓亦白，初泼白，久贮亦白。味足而色白，其香自溢，三者得则俱得也。近好事家，或虑其色重，一注之水，投茶数片，味既不足，香亦杳然，终不免水厄之诮耳。虽然，尤贵择水。茶难于香而燥，燥之一字，唯真芥茶足以当之。故虽过饮，亦自快人。重而湿者，天池也。茶之燥湿，由于土性，不系人事。"

二、现代茶叶的鉴别

茶叶的品种不同，采摘的季节不同，老嫩不同，加工工艺也千差万别，质量标准自然也不尽相同。对于茶叶质量的检验可以用理化检验，但对于茶馆来说，常用的还是感官检验法，从茶叶的外形、色泽、滋味和香气等方面来判断茶叶的质量。对于普通消费者来说，精确鉴别茶叶的品级是很困难的，但掌握一些简单的鉴别标准还是可以做到的。

（一）茶叶鉴别的内容

1. 茶叶的外形

外形是茶叶品质的综合体现，人们在识别茶叶时首先是看茶叶的外形。许多名茶的外形有着鲜明的特点，如龙井茶是扁平的，形似碗钉；碧螺春柔软卷曲，条索细小，白毫披覆；造型茶要求包裹完整，形态饱满；寿眉的外形细长，白毫披覆。在同种茶叶中，不同的外形说明了茶叶的质量差异，如龙井，如果芽叶肥壮完整，叶梗较短，说明茶叶的质量较好，如果茶芽较少，散碎，叶梗较长，则说明茶叶的质量较差。一般来说，春茶的叶梗较短，秋茶的叶梗较长。绿茶一般以春茶为好，春茶一般茶芽肥壮紧结；其次是秋茶，秋茶的茶芽包裹得不像春茶那样紧结，味道也逊于春茶；夏茶由于气温较高，长势较猛，茶叶往往大小不一。

2. 茶叶的滋味

茶汤一般具有不同程度的甜、苦、酸、鲜、涩等味道。其中，甜味、酸味与鲜味主要来自于氨基酸，苦味主要来自于咖啡碱、花青素和茶叶皂素，涩味主要来自于茶多酚类物质。一般来说，高档的绿茶滋味鲜醇，浓而不苦，回味甘甜，低档绿茶的苦涩味较重，甚至有青草气；高档红碎茶滋味浓郁，低档茶则平淡少味。春茶与高山茶的氨基酸的含量较多，滋味较为鲜爽。

3. 茶叶的色泽

茶叶有正常的色泽表明茶叶的质量没有发生变化。新鲜的炒青绿茶与烘青绿茶色泽绿润，新鲜的红茶色泽乌润，珠茶颗粒圆紧，色泽浓绿。如龙井茶正常的颜色是糙米色，色泽黄绿、鲜亮，庐山云雾色泽翠绿，君山银针色泽金黄，如果茶叶看上去灰蒙蒙的，说明茶叶存放的时间较长，甚至可能是陈茶了。茶汤的颜色也可以看出茶叶质量的变化，新鲜的茶汤一般较为清亮，透明，不混浊，而低档茶与劣质茶往往色泽深暗，缺少鲜爽的感觉。

4. 茶叶的香气

茶叶要有正常的香气，如西湖龙井的板栗香、安溪铁观音的天然花香、红茶的甜香与果香及绿茶的清香。茶叶的香气与原料的细嫩程度和制作技术有关，原料越细嫩，所含的芳香物质也越多，香气也就越高。制作过程中，炒制时的温度高了，可能使茶叶带上焦味，红茶发酵程度不足时有青草气，烘干温度低时有闷味，高了又会有烟火气。

（二）条件与工具

1. 评茶的环境条件

专业的茶叶鉴别要在评茶室中进行。评茶室是一个干燥清洁、空气新鲜、背南向北、光线充足的房间。在北向的窗口上装上30度倾斜的黑色的半圆形遮光板，室内涂成白色。这样可以使室内光线明亮而又柔和。对于评茶的时间及天气要求也有讲究，一般来说，晴天的午后较为合适，如果自然条件受限，就需要在室内准备好备用光源。专业的评茶人员必须具有敏锐的感官、熟练的操作技能和对茶叶品质的全面掌握，才能保证鉴别结果的准确可靠。操作前忌烟、酒和其他刺激性的食物。

2.评茶工具

茶盘，鉴别茶叶外形用。这是一个正方形（23厘米×23厘米×3厘米）或长方形（25厘米×16厘米×3厘米）的木盘，盘的一角有缺口，方便茶叶倒出。木盘涂成白色，可以清晰地观察茶叶的外形。

茶杯，用来泡茶和审评香气。选用白色瓷杯，杯口有锯齿，这样盖上杯盖时不至于将茶叶闷熟。杯的容量有150毫升、200毫升、250毫升三种，泡乌龙茶时用110毫升的钟形茶盏。

茶碗，用来评茶的汤色与滋味，用广口的白瓷碗，容量与茶杯配套。

叶底盘，用来观看叶底，有正方形（10厘米×10厘米×2厘米）或长方形（12厘米×8厘米×2厘米）两种，颜色黑白均可。

托盘天平，用来称茶。

定时计，泡茶计时用。

开水壶，铝壶或电壶均可。

一般的评茶，有上面的工具基本可以了，专业的评茶还会有其他一些工具，除了感官鉴别外，还需要借助仪器。

三、现代名茶图览

（一）绿茶

1.西湖龙井

西湖龙井（图2-4）产于浙江杭州，在明朝之前，龙井茶就已经出名了，明高濂《四时幽赏录》中说："西湖之泉，以虎跑为最，两山之茶，以龙井为佳。"在1949年以前，西湖龙井有"狮、龙、云、虎"四个品牌。"狮"是指狮峰山、上天竺一带的一些茶园；"龙"是指龙井、翁家山、满觉陇、双峰一带的一些茶园；"云"是指云栖的茶园；"虎"指的是虎跑的茶园。解放以后，"云、虎"逐渐淡出，新增加了梅，即梅家坞、云栖一带的茶园。龙井茶形似碗钉，光扁平直，色翠略黄，俗称糙米色，滋味甘鲜醇和，香气幽雅清高，汤色碧绿清莹，叶底细嫩成朵。

图2-4 西湖龙井

2. 黄山毛峰

黄山毛峰（图2-5）是清代光绪年间谢裕泰茶庄所创制。1875年后，该茶庄创始人谢静和，为迎合市场需求，每年清明节时，在黄山汤口、充州等地，登高山名园，采肥嫩芽尖，精细炒焙，标名"黄山毛峰"。黄山风景区内海拔700~800米的桃花峰、紫云峰、云谷寺、松谷庵、吊桥庵、慈光阁一带为特级黄山毛峰的主产地。风景区外周的汤口镇、岗村、杨村、芳村也是黄山毛峰的重要产区，历史上曾称之为黄山"四大名家"。现在黄山毛峰的生产已扩展到黄山山脉南北麓的黄山市徽州区、黄山区、歙县、黔县等地。黄山毛峰外形细扁稍卷曲，状如雀舌披银毫，汤色清澈带杏黄，香气持久似白兰。特级黄山毛峰堪称我国毛峰之极品，其形似雀舌，匀齐壮实，峰显毫露，色如象牙，鱼叶金黄；清香高长，汤色清澈，滋味鲜浓、醇厚、甘甜，叶底嫩黄，肥壮成朵。其中"金黄片"和"象牙色"是特级黄山毛峰外形与其他毛峰不同的两大明显特征。

图2-5 黄山毛峰

3. 庐山云雾

庐山产茶历史很悠久，唐宋时期，就是著名的茶叶产地。明代，庐山云雾茶名称已出现在《庐山志》中，由此可见，庐山云雾茶至少已有300余年历史了。庐山云雾（图2-6）产于江西省庐山海拔800米以上的含鄱口、五老峰、仙人洞、小天池、汉阳峰等地。这里年降雨量2500毫米，年雾日期260天，山高林密，泉水泛流，土壤腐殖质层深厚，有机质含最极为丰富，所谓的"高山云雾出好茶"，用在庐山云雾上再贴切不过了。庐山云雾外形条索紧结重实，饱满秀丽；色泽碧嫩光滑，芽隐绿；香气芬芳、高长、锐鲜；汤色绿而透明；滋味爽快，浓醇鲜甘；叶底嫩绿微黄、鲜明，柔软舒展。

图2-6　庐山云雾

4. 洞庭碧螺春

洞庭碧螺春（图2-7）产在江苏太湖中的洞庭东西二山，以洞庭石公、建设和金庭等地为主产区，是绿茶中的精品，形、色、香、味俱佳。据明代笔记《随见录》载："洞庭山有茶，微似岕而细，味甚甘香，俗称'吓煞人'，产碧螺峰者尤佳，名'碧螺春'"，如此看来，碧螺春应产于明代。洞庭碧螺春产区是我国著名的茶、果间作区。正如明代《茶解》中所说："茶园不宜杂以恶木，唯桂、梅、辛夷、玉兰、玫瑰、苍松、翠竹之类与之间植，亦足以蔽覆霜雪，掩映秋阳。"这样的环境当然会有上好的茶品。碧螺春以芽嫩、工细著称，外形条索纤细，卷曲成螺，茸毫密披，银绿隐翠。汤色明亮清澈，浓郁甘醇，鲜爽生津，回味绵长，叶底嫩绿显翠。

图2-7 洞庭碧螺春

5. 太平猴魁

尖茶是安徽省的特产，产于太平、泾县、宁国一带。太平猴魁（图2-8）为尖茶之极品，久享盛名。1912年在南京南洋劝业场和农商部展出，太平猴魁荣获优等奖；1915年又在美国举办的巴拿马万国博览会上，荣膺一等金质奖章和奖状，从此，太平猴魁蜚声中外。太平猴魁产于黄山市黄山区太平湖畔的猴坑一带，境内最高峰凤凰尖海拔750米，为黄山山脉北麓余脉。太平猴魁的外形是两叶芽，平扁挺直，自然舒展，白毫隐伏，有"猴魁两头尖，不散不翘不卷边"之称。叶色苍绿匀润，叶脉绿中隐红，俗称"红丝线"。花香高爽，滋味甘醇，香味有独特的"猴韵"，汤色清绿明净，叶底嫩绿匀亮，芽叶成朵肥壮。品饮时能领略到"头泡香高、二泡味浓、三泡四泡幽香犹存"。

图2-8 太平猴魁

6. 蒙顶甘露

四川蒙山茶在唐代就已非常有名，散茶蒙顶甘露（图2-9）最早见于文字是明嘉靖年间。据考，蒙顶甘露是在总结宋政和二年（公元1112年）创制的"玉叶长春"和宋宣和十年（公元1120年）创制的"万春银叶"两种茶炒制经验的基础上研制成功的。它继承了上述二茶炒制方法的优点，又加以改进提高，它外形紧卷多毫，嫩绿色润；香气馥郁，芬芳鲜嫩；汤色碧清微黄，清澈明亮；滋味鲜爽，浓郁回甜；叶底嫩芽秀丽、匀整。

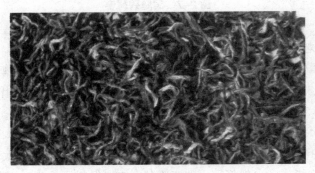

图 2-9 蒙顶甘露

7. 南京雨花茶

南京产茶的历史相当悠久，唐代陆羽著《茶经》时就曾在南京住过一些时日。今天的雨花茶（图2-10）试制于1958年，1959年创制成功，为纪念革命年代牺牲的烈士，雨花茶被做成松针状。现产地分布于雨花、栖霞、清口三个郊区和金坛、江宁、江清、六合、溧水、高淳六个县。雨花茶外形似松针，条索细紧圆直，锋苗挺秀、白毫隐露、色泽墨绿。汤色清澈明亮、滋味鲜爽甘醇、香气清香幽雅、叶底嫩绿匀亮。

图 2-10 南京雨花茶

8.阳羡雪芽

宜兴古称阳羡，是我国著名的产茶区，所产茶叶的质量一直都是上乘的，自唐朝以后，一直被作为贡茶。阳羡雪芽（图2-11）是由无锡市茶叶品种研究所与宜兴市林副业局共同研制的，根据苏轼诗句："雪芽我为求阳羡，乳水君应饷惠泉"命名为"阳羡雪芽"，产区位于宜兴市南端，与浙、皖接壤，地处群山环抱、有竹海之称的太华山区。阳羡雪芽外形条索紧直有锋苗，翠绿显毫，香气清雅，滋味鲜醇，汤色清澈，叶底匀细。

图 2-11　阳羡雪芽

（二）红茶

1.祁门红茶

祁门红茶（图2-12）主产安徽省祁门县，与其毗邻的石台、东至、黟县及贵池等县也有少量生产。祁门红茶自诞生之初，就具有极高的质量，当时就与"闽红""宁红"等齐名，后来逐渐发展成为中国红茶的第一品牌。国外把"祁红"与印度大吉岭茶、斯里兰卡红茶，并列为世界三大高香茶，称祁红的这种地域性香气为"祁门香"，誉为"群芳最"。祁红宜清饮，可以很好地领略其特殊香味；加奶后乳色粉红，其香味特点犹存。祁红工夫茶条索紧秀，锋苗好，色泽乌黑泛灰光，俗称"宝光"；内质香气浓郁高长，似蜜糖香，又蕴藏有兰花香，汤色红艳，滋味醇厚，回味隽永，叶底微软红亮。

图 2-12　祁门红茶

2. 滇红工夫茶

滇红工夫茶（图 2-13）产于滇西、滇南等地，属大叶种类型的工夫茶，是我国工夫红茶的新葩。云南是世界茶叶的发源地，但云南红茶生产却是近现代才开始的。1938 年底，云南中国茶叶贸易股份有限公司成立，开始试制红茶，首批生产约 500 担，通过香港转销伦敦，深受客户欢迎，以每磅 800 便士的最高价格售出而一举成名。后因局势动荡，滇红工夫的发展一度停滞，直至 20 世纪 50 年代后才开始发展。

图 2-13　滇红工夫茶

滇红工夫有春茶、夏茶、秋茶之分，一般春茶比夏、秋茶好。春茶条索肥硕，身骨重实，净度好，叶底嫩匀。夏茶正值雨季，芽叶生长快，节间长，虽芽毫显露，但净度较低，叶底稍显硬、杂。秋茶正处干凉季节，茶树生长代谢作用转弱，成茶身骨轻，净度低，嫩度不及春、夏茶。滇红工夫外形茸毫显露，其毫色可分淡黄、菊黄、金黄等类。滇红工夫内质香郁味浓。滇南茶区工夫茶滋味浓厚，刺激性较强，滇西茶区工夫茶滋味醇厚，刺激性稍弱，但回味鲜爽。

（三）黄茶

1. 霍山黄芽

霍山黄芽（图2-14）产于安徽霍山大花坪金子山、漫水河金竹坪、上土市九宫山等地，在明代已享盛名，明代王象亚的《群芳谱》亦称"寿州霍山黄芽之佳品也"。该茶条形紧密，形如雀舌，颜色金黄，白毫显露，汤色黄绿，香醇浓郁，甜和清爽，有板栗香气，是黄茶中的名品。上等"霍山黄芽"，外形紧细成条，有如莲心；色泽黄嫩油润，芽叶成朵，汤色澄黄而明亮，香气清鲜。

图 2-14　霍山黄芽

2. 君山银针

君山银针（图2-15）产于湖南洞庭湖中的君山岛。清代袁枚《随园食单》中记述："洞庭君山出茶，色味与龙井相同，叶微宽而绿过之，采掇很少。"君山银针制造特别精细而又别具一格，分杀青、摊凉、初烘、初包、复烘、摊凉、发包、足火八道工序。历时三昼夜，长达70多小时之久。饮用时，将君山银针放入玻璃杯内，以沸水冲泡，这时茶叶在杯中一根根垂直立起，踊跃上冲，悬空竖立，继而上下游动，然后徐下沉，簇立杯底。君山银针芽头肥壮，紧实挺直，芽身金黄，满披银毫，汤色橙黄明净，香气清纯，滋味甜爽，叶底嫩黄匀亮。

图2-15　君山银针

（四）白茶

1. 白毫银针

白毫银针（图2-16）产于福建省福鼎和政和等县，是用福鼎大白茶和政和大白茶等优良茶树品种春天萌发的新芽制成的，所有鲜叶原料，全部是肥壮的茶芽。每当春天茶叶抽出新芽，茸毛密被，在阳光的照耀下，银光闪闪，远远望去好像霜覆，是其他茶园里所看不到的景观。白毫银针因产地和茶树品种不同，又分北路银针和南路银针，产于福鼎的是北路银针，产于政和的是南路银针。白毫银针长约3厘米，整个茶芽为白毫覆被，银装素裹，熠熠闪光。冲泡后，香气清鲜，滋味醇和，杯中芽芽挺立，蔚为奇观。

图2-16　白毫银针

2. 白牡丹

白牡丹（图2-17）也产于福建的福鼎与政和，以大白茶或水仙品种嫩梢的芽、叶制成。用于制造白牡丹的原料要求白毫显，芽叶肥嫩。传统采摘标准是春茶第一轮嫩梢采下一芽二叶，芽与二叶的长度基本相等，并要求"三白"，即芽及二叶满披白色茸毛。夏秋茶茶芽较瘦，不采制白牡丹。白牡丹两叶抱一芽，叶态自然，色泽深灰绿或暗青苔色，叶张肥嫩，呈波纹隆起，叶背遍布洁白茸毛，叶缘向叶背微卷，芽叶连枝。汤色杏黄或橙黄，叶底浅灰，叶脉微红，汤味鲜醇。

图2-17　白牡丹

（五）乌龙茶

1. 铁观音

铁观音（图2-18）产于福建安溪，因茶树的名称而得名外形紧结卷曲，叶质肥厚重实。香气悠长，有如空谷幽兰，灵妙鲜爽，清高隽永，达到了超凡入圣的境界。它的滋味十分醇厚浓郁，但浓而不涩，郁而不腻，余味回甘，饮后齿颊流香。这种香气称为"圣妙香"，滋味称为"天真味"。名茶鉴评家认为只有铁观音才有这种天真味和圣妙香，所以称为"观音韵"，意思是说只有铁观音才具有这种独特的"观音韵"。优质铁观音茶条卷曲、壮结、沉重，呈青蒂绿腹蜻蜓头状。色泽鲜润，砂绿显，红点明，叶表带白霜，这是优质铁观音的重要特征之一。铁观音汤色金黄，浓艳清澈，叶底肥厚明亮，具绸面光泽。泡饮茶汤醇厚甘鲜，入口回甘带蜜味；香气馥郁持久，有"七泡有余香"之誉。

图 2-18　铁观音

2. 大红袍

大红袍（图 2-19）是武夷岩茶中的珍品。武夷山海拔 650 米，层峦叠障，气候温和湿润非常适合茶叶的生长，自南唐以后，这里就成为全国的茶叶生产的中心。大红袍的得名，源于慧苑坑天心岩上茶树生态上的特点（图 2-20）。早春时节，茶树幼芽勃发，呈红色，远观满树的红艳似火。因茶树长于绝壁，每年茶季，寺院里的和尚就以果子引诱山上的猴子攀岩采之，产量极少。大红袍的外形条索紧结，色泽绿褐鲜润，冲泡后汤色橙黄明亮，叶片红绿相间，典型的叶片有绿叶红镶边之美感。品质最突出之处是香气馥郁有兰花香，香高而持久，"岩韵"明显。而且很耐冲泡，冲泡七八次仍有香味。品饮时，必须按工夫茶小壶小杯细品慢饮的程式，才能真正品尝到岩茶之颠的韵味。大红袍汤色金黄而鲜艳，滋味浓而不烈，清郁爽口，甘甜醇厚。

图 2-19　大红袍

图 2-20　大红袍产地

3. 冻顶乌龙

冻顶乌龙（图 2-21）是台湾乌龙茶中的精品，也是这些年乌龙茶中最爱欢迎的品种之一。台湾的种茶、制茶技术是随着大陆人口向台湾的迁移带上宝岛的，据野史相传，是清朝道光年间的举人林凤池从福建带回武夷乌龙植于冻顶山，此山海拔 700 多米，年平均气温 20℃，山高林密土质好，茶树生长十分茂盛。冻顶乌龙茶成茶外形卷曲呈半球形，条索紧结整齐，叶尖卷曲呈虾球状，白毫显露，色泽墨绿油润，冲泡后茶叶自然冲顶壶盖，茶汤水色呈金黄且澄清明澈，清香扑鼻，香气中有桂花花香且略带焦糖色，叶底柔嫩稍透明，叶身淡绿，滋味甘醇浓厚，茶汤入口生津并富有活性，后韵回味强且经久耐泡。在乌龙茶中，冻顶乌龙属于发酵程度较轻的，口感色泽与绿茶相近，但又有着铁观音的韵味。

图 2-21 冻顶乌龙

4. 凤凰单枞

凤凰单枞（图 2-22）原产于广东潮州凤凰山区，这里濒临大海，茶区海拔上千米，自然环境有利于茶树的发育及形成茶多酚和芳香物质，自然环境得天独厚。由于选用水仙品质茶树鲜叶优次和制作精细程度不同，按品质依次分为凤凰单枞、凤凰浪菜、凤凰水仙三个品级。凤凰单枞茶外形条索粗壮，匀整挺直，色泽黄褐呈鳝鱼皮色，油润有光，并有朱砂红点。冲泡清香持久，有独特的天然花香，滋味浓醇鲜爽，回甘好。汤色清澈黄亮，叶底边缘朱红，叶腹黄亮，具有独特的山韵品格。

图 2-22　凤凰单枞

（六）黑茶

1. 普洱散茶

普洱茶产于云南，以普洱为原产地与茶叶的集散地，普洱茶也因之而得名。普洱茶有散茶与紧压茶两大类，普洱散茶（图 2-23）就是指毛茶未经过紧压加工。普洱茶一般不追求细嫩。普洱散茶可以分为普洱生茶和普洱熟茶两类。生茶是自然发酵的，熟茶是经人工堆渥的。散状的普洱生茶成品一般分为六个级，依次为春蕊、春芽、春尖、甲配、乙配、丙配，俗称"三春三配"；散状的普洱熟茶常采取逢单设级的定级方法，依次为宫廷、特级、一级、三级、五级、七级、九级等。普洱茶条形肥硕，香气独特，滋味醇滑，汤色红浓，往往可经多次冲泡。

图 2-23　普洱散茶

2. 六堡散茶

六堡散茶（图 2-24）因原产于广西苍梧县六堡乡而得名，已有 200 多年的生产历史。现在六堡散茶产区相对扩大，分布在浔江、郁江、贺江、柳江和红水河两岸，有苍梧、贺县、横县、恭城、钟山、富川、贵县、三江、河池、柳城等县生产六堡散茶，主产区是梧州地区。六堡散茶的品质特点是条索长整尚紧，色泽黑褐光润，汤色红浓，香气醇陈，滋味甘醇爽口，叶底呈桐褐色，并带有松烟味和槟榔味。六堡茶素以"红、浓、醇、陈"四绝著称。

图 2-24 六堡散茶

（七）紧压茶

1. 普洱茶

普洱紧压茶有沱茶、七子饼茶、紧茶以及普洱砖茶等。沱茶据说因多运销于四川沱江地区而得名，清光绪 28 年，下关永昌祥、复春等茶商将团茶改制成碗状的沱茶，因创制于云南下关地区，所以也叫下关沱茶（图 2-25）。七子饼茶形如铁饼，筒装，一筒七饼，所谓七子，有多子多孙多福的意思，主要由勐海茶厂生产（图 2-26）。紧茶也是由团茶演变而来，为防止团茶在长途运输过程中的霉变，将团茶改为带把的心脏形，也叫香菇头，七个一筒（图 2-27）。砖茶是方形的（图 2-28），1967 年由紧茶演变而来。

图2-25 沱茶

图2-26 七子饼茶

图2-27 紧茶

图2-28 砖茶

2. 其他紧压茶

除黑茶外，紧压茶还有红茶紧压茶，如小京砖、米砖等；绿茶紧压茶，如四川沱茶、云南竹筒茶（图2-29）、广西粑粑茶等；乌龙茶紧压茶，如福建的水仙饼茶等。形状上也各不相同，除了前面所说的普洱茶的几种造型外，还有柱形的、圆饼形的、方砖形等。各种紧压茶的加工工艺不完全相同，品质风格也有区别。如茯砖茶（图2-30）的基本工艺是原料处理、汽蒸、渥堆、称量、压制成型、退模、包封固形、发花干燥等工序，成品具有色泽黄褐、香气纯正、滋味醇和、汤色深红尚亮的品质特点。广西六堡茶的压制基本工艺是初蒸、渥堆、复蒸、装篓、仓储陈化等工序，成品具有色泽乌黑、香呈槟榔、滋味醇和可口、汤色橙红的品质特点。

图 2-29　竹筒茶　　　　　　　　　图 2-30　茯砖茶

四、国外茶叶的品评

除中国以外产茶的国家也有不少，亚洲主要有印度、斯里兰卡、日本、印度尼西亚、土耳其、孟加拉国、伊朗、马来西亚、缅甸、越南、老挝、柬埔寨、泰国、菲律宾、韩国等；非洲主要有肯尼亚、马拉维、乌干达、莫桑比克、坦桑尼亚、刚果、毛里求斯、津巴布韦、卢旺达、喀麦隆、布隆迪、南非、埃塞俄比亚等；美洲主要有阿根廷、巴西、秘鲁、墨西哥、玻利维亚、哥伦比亚等。大洋洲的巴布亚新几内亚、斐济以及欧洲的俄罗斯也产茶。国外的茶主要有绿茶、传统的红茶和 CTC 茶等三大类。

> **知识：**
>
> ### CTC 茶
>
> CTC 制法红碎茶是指揉切工序采用 CTC 切茶机碎制成的红碎茶。CTC是指压碎 crush、撕裂 tear、揉卷 curl。在加工过程中，通过两个不同转速的滚筒挤压、撕切、卷曲制成颗粒状的碎茶。碎茶紧实呈粒状，色棕黑油润，内质香味浓强鲜爽，汤色红艳，是国际卖价较高的一种红碎茶，一般制成奶茶或袋泡茶。

（一）日本的绿茶

唐朝末年，日本从中国引入茶树，宋元时期，也陆续将中国树种引入日本。在中国茶种的基础上，日本培育出自己的品种，主要是薮北种和丰绿种，"丰绿种"常见于九州南部，"薮北种"则全国占有率最高（约占 83%）。图 2-31 为日本茶园的景观。

图 2-31　日本茶园

　　据安徽农业大学宁井铭教授研究，2017年日本全国茶园面积4万公顷，总产量8万吨，茶农约24万户，主要分布在静冈、鹿儿岛、三重等县。日本茶叶多用蒸汽杀青，再在火上揉捻焙干，或者直接在阳光下晒干，这样可使茶色保持翠绿，茶汤味道清雅圆润。依据档次不同分出玉露、玉绿、抹茶、番茶、煎茶、焙制茶、玄米茶等，这些茶的香气、味道、口感又各有不同，喝的场合也有讲究。

　　1. 玉露
　　玉露（图2-32）是日本最高级的茶品，据说一百棵茶树里也有可能找不出一棵来生产玉露，可见对茶树要求之高。在发芽前20天，茶农就会搭起稻草，小心保护茶树的顶端，阻挡阳光，使得茶树能长出柔软的新芽。将嫩芽采下，以高温蒸汽杀青后，急速冷却，再揉成细长的茶叶。玉露只取第一次手摘的嫩芽制成，只有叶肉、不含茎梗，是最高等级的绿茶。适合使用50～60℃热水冲泡，茶汤富含茶氨酸，涩味较少，甘甜柔和，茶汤清澄，有着不食人间烟火的仙气。

图 2-32　玉露茶

　　2. 抹茶
　　抹茶（图2-33）的栽培方式跟玉露一样，同样需要在茶芽生长期间将茶树遮盖起来，以防叶绿素流失，增加茶叶的滋味。采摘下来的茶叶经过蒸汽杀青后直接烘干，接着去除茶柄和茎，再以石臼碾磨成微小细腻的粉末。抹茶兼顾了喝茶与吃茶的好处，也常用作茶道，此外它浓郁的茶香味和青翠的颜色使得很多的日本料理、和果子都会以之作为添加的材料。

图 2-33　抹茶

3. 煎茶

煎茶（图 2-34）是日本人最常喝的绿茶，产量约占日本茶的八成。采自茶树顶端的鲜嫩茶芽，首先以蒸汽杀青，再揉成细卷状烘干。成茶挺拔如松针，好的煎茶色泽墨绿油亮，冲泡后却鲜嫩翠绿。茶味中带少许涩味，茶香清爽，回甘悠长。一般煎茶的蒸制时间约为 30 秒，超过 30 秒的叫作"深蒸煎茶"，茶叶中的苦涩味道会比一般煎茶少。

图 2-34　煎茶

4. 番茶

番茶（图 2-35）用的是茶芽以下，叶子较大的部分。茶叶经过蒸汽杀青后，在阳光下晒干或者是烘干，再将茎梗分拣出来。番茶的颜色较深，因为是大叶茶，茶味偏浓重，所含咖啡因比玉露少，不会影响睡眠。

图 2-35　番茶

5. 粉茶

粉茶与抹茶有着根本的区别，首先选择的茶芽就有不同，其次抹茶是经过石臼碾磨得来的细幼粉末，而粉茶则是制作煎茶时所剩余的茶叶碎，比起煎茶来，粉茶因为已经成粉末状，故而能更快地出味，在短时间内就可以泡出味道浓郁的绿茶，但香气略微逊色于完整的茶叶。多用来做茶包，或平时的茶饮。

6. 焙茶

焙茶（图 2-36）又叫烘焙茶，将番茶用大火炒，直至香味散发出来，这是唯一用火炒的日本绿茶。焙茶因为炒过，故茶叶呈褐色，苦涩味道已经去除，带有浓浓的烟熏味，暖暖的香气是适合寒冷天气的茶饮。但毕竟是绿茶，三泡过后香味已经走远，茶汤的滋味也转淡。因为焙茶容易浮在茶汤表面，建议用带有滤网的茶壶冲泡，方便饮用。

图 2-36　焙茶

7. 玄米茶

将糙米在锅中炒至足香，混入番茶或煎茶中，就是玄米茶（图2-37）了。冲泡的茶汤米香浓郁，而且一茶一米相映成辉，十分有趣。在口味上有着炒米香，掩盖了些茶叶的苦味和涩味，而且喝着喝着还能品出爆米花的味道。很容易被人接受，也方便在家中自己制作，所以在日本乃至整个亚洲它都是很流行的茶饮。

图2-37　玄米茶

（二）印度的红茶

印度红茶占世界红茶产量的30%，CTC茶占全世界产量的65%，是国际红茶市场上的主流茶叶，品种有DARJEELING大吉岭红茶、NILGIRI尼尔吉里红茶和ASSAM阿萨姆红茶（图2-38）。

大吉岭红茶　　　　尼尔吉里红茶　　　　阿萨姆红茶

图2-38　印度红茶标志

1. 大吉岭红茶

大吉岭位于印度东北的喜马拉雅山麓，气候与土壤都适合种植茶叶，是全世界海拔最高的茶区。春摘大吉岭红茶见图2-39，茶水色清淡，略显金黄，味道带有果香而浓郁，俗称"香槟红茶"。与印度阿萨姆红茶、中国祁门红茶被称为世界三大高香红茶。大吉岭红茶每年只出产 8000 ~ 11000 吨，而据称是大吉岭红茶的总销量却有 40000 吨。

图 2-39　春摘大吉岭红茶

　　大吉岭的最佳采摘季严格地分为春、夏、秋三季，各个时期所采摘的红茶的味道和香气也大为不同。春摘茶，在 3 ~ 4 月采摘，多为青绿色，也被称为"First Flush"，即春摘。春摘是一年当中最早的一次采摘，初茶嫩芽居多，滋味轻扬甜润，花香洋溢，汤色呈金黄色。夏摘茶，在 5 ~ 6 月采摘，被称为"Second Flush"，即次摘。次摘是一年当中的第二次采摘，二号茶为金黄。其汤色橙黄，气味芬芳高雅，上品尤其带有葡萄香，口感细致柔和。在各季节的大吉领红茶中，次摘向来评价最高、也最受茶客们的肯定与喜爱。秋摘茶，在 7 ~ 8 月采摘，被称为"Autumnal"，需等到当地雨季过后的 9 ~ 10 月间才能采收，茶色较深、滋味扎实浓厚，价格也相对较便宜，也是三种季节里最适合用来冲制奶茶的茶款。

　　大吉岭红茶最适合清饮，但因为茶叶较大，需稍久闷(约5分钟)使茶叶尽舒，才能得其味。下午茶及进食口味重的盛餐后，最宜饮此茶。大吉岭红茶汤见图2-40。

图 2-40　大吉岭红茶的茶汤

2. 尼尔吉里红茶

尼尔吉里红茶（图2-41）产自印度南方尼尔吉里高原，海拔1200～1800米，俗称"蓝山红茶"。尼尔吉里的气候及风土与斯里兰卡接近，味道和香气都类似斯里兰卡红茶。这里气候温润，适合茶树生长，所以全年皆有生产，12月到隔年1月所采收的冬摘茶品质特别优良，被称作"冬霜红茶"（Frost Black）。尼尔吉里红茶有各种规格的传统茶，也被制成CTC茶，出口世界各地。尼尔吉里也生产低成本的BOP级红茶。

资料：

国外红茶等级标志

F = Flowery：如花蕾上的芽一般形状的嫩芽。

P = Pekoe：带有白毫的嫩芽，从茶枝最顶端数下来的第3片叶，叶片通常比较短。

O = Orange：采摘下来的茶叶上带有橙黄色的光泽。

B = Broken：碎型茶。

F = Fanning：片型茶，指BOP筛选下来的小片茶叶。

D = Dust：切得像粉一般细的茶叶，主要用来做茶包。

G = Golden：有黄金色的光泽。

T = Tippy：含有大量新芽。

S = Souchong：小种茶，从茶枝最顶端数下来的第5片叶，叶片通常比较大。

1 = No.1：代表在该等级里为顶尖的级别。

这些字母连起来就代表不同的等级。

OP = Orange Pekoe：橙黄白毫，指从茶枝最顶端数下来的第2片叶，此等级表示红茶带白毫，茶色橙黄的优质红茶。

FOP = Flowery Orange Pekoe：花橙黄白毫，指含有较多芽的优质红茶。表示茶枝最顶端的新芽，十分宝贵，等级比OP高。

GFOP = Golden Flowery Orange Pekoe：金色花橙黄白毫，表示上等芽茶。

TGFOP = Tippy Golden Flowery Orange Pekoe：显毫花橙黄白毫，含有较多金黄芽叶的高级红茶，等级比GFOP高。

FTGFOP = Fine Tippy Golden Flowery Orange Pekoe：精制花橙黄白毫，指经过精细地揉捻精制而成的高质量茶叶。

SFTGFOP = Special Fine Tippy Golden Flowery Orange Pekoe：特制花橙黄白毫。

SPECIAL表示FTGFOP中的最高级品。

尼尔吉里 Havukal 茶园、Glendale 茶园和 Kairbetta 的茶品质比较出众，尤其是 Havukal 茶园出产的是最好的尼尔吉里红茶。但是在尼尔吉里，很难购买到单一茶园的茶。尼尔吉里红茶从外观上看，其颜色介于红与绿之间，类似中国乌龙茶的颜色特点，茶汤一般从淡绿色到金黄色，近似中国铁观音的汤色，滋味清新香甜。

图 2-41　尼尔吉里红茶

3. 阿萨姆红茶

阿萨姆红茶产自印度东北喜马拉雅山麓的阿萨姆邦，这里是世界最大的红茶产地，每年的产量 50 ~ 70 万吨，占印度的 1/2。阿萨姆茶一般每年采摘两次，以 6 ~ 7 月采摘的品质最优，但 10 ~ 11 月的阿萨姆秋茶味道更浓更香。八成以上的阿萨姆红茶都是采用 CTC 工艺，但次摘红茶还是按照传统制法，根据红茶的形状分级后上市，见图 2-42、图 2-43。阿萨姆红茶，茶叶外形细扁，色呈深褐；汤色深红稍褐，带有淡淡的麦芽香和玫瑰香，滋味浓，回味甘甜，口感强烈悠远，是冬季饮茶的最佳选择。

1823 年，东印度公司的罗伯特·布鲁士（Robert Bruce）在阿萨姆地区发现了野生的茶树，由此开启了关于茶树原产地的争论。1838 年，英国人将第一批在阿萨姆生产的 12 箱茶叶运回英国，大约 20 年后，阿萨姆的茶叶生产走向正规。

阿萨姆的自然条件与中国不同，也对茶树品种和红茶的加工方法产生了一定的影响。英国人对中国的制茶方法做了改进，建立起自己的茶叶生产系统，可以大量生产品质恒定的红茶。与中国红茶相比，这些红茶的苦涩味较重，不太适合清饮，更适合加糖、加奶，显然这是符合欧洲人的饮食习惯的。

图 2-42　阿萨姆红茶

图 2-43　CTC 红茶

（三）锡兰红茶

锡兰红茶又被称为"西冷红茶""惜兰红茶"，该名称源于锡兰的英文 Ceylon 的发音，直接音译而来。1972 年锡兰改名为斯里兰卡（Sri Lanka），但生产的红茶依旧被称为锡兰红茶。斯里兰卡 1824 年引进中国茶树，1839 年引进阿萨姆茶树，但从 1869 年才开始正式大面积种植茶树并生产红茶。英国人詹姆斯·泰勒（James Taylor）被誉为斯里兰卡红茶之父，这里也是红茶之王托马斯·立顿的发迹之地。

斯里兰卡全年都在生产茶叶，所以没有像阿萨姆和大吉岭那样根据季节对茶叶进行分类，而是根据茶树所在的海拔高度进行分类，即高地茶、中段茶和低地茶。锡兰红茶的 6 个产区包括乌瓦（UVA）、乌达普沙拉瓦（Uda Pussellawa）、努瓦纳艾利（Nuwara Eliya）、卢哈纳（Ruhuna）、坎迪（Kandy）、迪不拉（Dimbula）等，各产地因海拔高度、气温、湿度的不同，均有不同特色。斯里兰卡每年生产茶叶约 25 万吨。

1. 乌瓦红茶

乌瓦红茶（图 2-44）产于斯里兰卡正中央山脉的东侧地区，是高地茶的代表，带有玫瑰花香和口感宜人的涩味，适合制作奶茶。乌瓦红茶的最佳采摘季节是每年的 8 ～ 9 月份，采摘量少，但由于此时茶芽生长比较慢，养分充足，品质非常好，花香中带有一丝薄荷的香气，清爽宜人，茶汤橘黄色。其他时间采制的乌瓦红茶涩味强劲，具有红茶典型的浓、强、鲜的口感，茶汤深红色。

图 2-44　乌瓦红茶 BOP 级

2. 迪不拉红茶

迪不拉也音译成金佰莱，迪不拉红茶（图 2-45）产于斯里兰卡山麓地带西南坡高地。每年 1 ~ 2 月，斯里兰卡特有的季风都会让这里变得很干燥，使得这里的红茶带有鲜花般的香气。这个季节是迪不拉茶最好的采摘季。此季采制的红茶散发着馥郁的玫瑰花香，涩味强，汤色浓，但是味道清淡，极易入口。其他季节采制的红茶具有传统红茶独有的风味。迪不拉红茶香气与味道非常协调，即使每日饮用也不会让人腻烦，既可以直接饮用，也可以调制奶茶、花草茶。

图 2-45　迪不拉红茶 BOP 级

3. 努瓦纳艾利红茶

努瓦纳艾利位于海拔 1800 米的地方，这里最初是由英国人为度假而开发的小镇，有"小英国"之称。这里是斯里兰卡红茶产地中地理位置最高的，早晚温差 15 ~ 20℃，这使得当地的红茶涩味浓厚，还具有高地茶特有的甘甜与花香，其中还有独特的青草气大大提升了红茶的品味。努瓦纳艾利红茶（图 2-46）最佳采摘季是每年的 2 ~ 3 月，此时红茶的汤色呈淡淡的橘黄色，具有近似于大吉岭红茶的口感。

图 2-46 努瓦纳艾利红茶 OP 级

第三节 茶叶的取用与保管

茶叶的风味品质很容易发生改变，导致这种改变的原因很多，有茶叶本身的酶的作用，有环境的原因，也与保管、取用的方法有关。

一、茶叶中的风味物质

茶叶质量的变化主要是茶叶中某些化学成份变化的结果。这些化学成分包括叶绿素、茶多酚、维生素 C、类脂类物质和胡萝卜素、氨基酸以及香气成分等。

叶绿素是一种很不稳定的物质，容易受光和热的作用而分解。茶叶在保管过程中，叶绿素保存得多，茶叶就显得苍翠可爱，叶绿素破坏得多，茶叶就会发黄褐变。

茶多酚近来尤其受到人们的重视，这是与茶叶汤色和滋味关系最密切的物质。在几类茶叶中，绿茶的茶多酚保存得最多。茶多酚在茶叶保存时容易氧化，生成醌类物质，使茶汤的颜色变深，并且这种醌类物质还会和氨基酸发生反应，使茶味变劣。

维生素 C 是茶叶中所含的重要保健成分，也与茶叶的滋味关系密切，品质好的茶，尤其是绿茶，维生素 C 的含量是很高的。维生素 C 也是性质极其活泼的物质，很容易被氧化。专家认为，维生素 C 的含量在 80% 时，茶叶的质量可以保持得很好，当它的含量下降到 60% 时，茶叶的质量就会有明显的下降。

类脂类物质与空气接触，缓慢地氧化，生成醛类与酮类物质，可以使茶叶产生油脂酸败的气味，失去清新的滋味，而且汤色也会加深。胡萝卜素被氧化后也会使汤色变劣。

氨基酸是茶叶鲜爽滋味的主要来源。茶叶中氨基酸的种类多，含量也高，尤其是绿茶，氨基酸含量的高低是评价其质量高低的一个标志。氨基酸与茶多酚的反应，会使茶叶失去新茶的鲜爽滋味。在红茶贮存中，氨基酸会与茶黄素、茶红素等起反应，使茶汤变暗。存放时间越长，氨基酸的损失越多。

二、导致茶叶变质的因素

导致茶叶变质的因素主要是温度、水分、氧气、光照四个方面。

温度的升高是茶叶中多种物质发生变化的主要因素。实验表明，温度每升高10℃，茶叶褐变的速度要增加3～5倍，如果茶叶在10℃以下存放，可以较好地抑制茶叶褐变的进程。

水分是茶叶保存的大敌，当茶叶中水分含量在3%左右时，茶叶的氧化进程缓慢，而当茶叶中水分含量超过6%时，茶叶中的各种物质的氧化反应进行得比较快，表现为叶绿素的迅速降解、茶多酚的氧化和酶促氧化，茶叶色泽的变化速度呈直线上升。

氧气几乎可以和所有的元素反应。当茶叶中的酶存在的时候，氧化作用会变得很激烈，即使在酶失活时，氧化作用也可以缓慢进行。

光照对茶叶的贮藏有极不利的影响，加速了化学反应的进行。光能促进植物色素和脂质的氧化。光照使茶叶戊醇等成份增加，加速了茶叶的变质。

三、茶叶取用方法

很多人习惯用手直接去抓茶叶，甚至有些卖茶叶的人也会这么做，这是一个很不好的习惯。茶叶易吸收各种味道，人的手上有灰尘、汗渍、细菌，这些都会影响茶味的味道，而且也会给人以不卫生的感觉。所以，几乎在所有的茶艺形式中，都强调不用手去接触茶叶，取茶叶时用茶则或茶匙。茶则的材料可以是竹、木、铜、牛角等材质的。如果用木茶则，一定不可选用有气味的木料。铜茶则在使用过程中易生铜锈，虽然斑驳得很有古趣，却是会影响茶的味道。牛角茶则很高档，在一般的场合很少使用。很多人会在手上用有香味的护肤品，在取茶叶时，这些护肤品的香气就会被茶叶吸收，从而影响茶叶的气味。因此，在取茶叶时，手上不能有护肤品的气味，香肥皂的气味也不能有。

四、茶叶的保管

不同茶叶种类保管的方法也不尽相同，归纳起来有这么几个要点：避光、防潮、防串味。茶叶放在强光下太久时间，会使茶叶的叶绿素被破坏，失去应有的光泽，显得枯黄，还会产生日晒味，影响饮用，因此茶叶贮存时要放在光线较暗的地方；潮湿是茶叶变质的主要原因，茶叶是特别容易吸湿的，如将其放在暴露的空间里就很容易吸收空气中的水分，在阴雨天，茶叶在空气中每暴露 1 小时，水分就会增加 1%，当茶叶中的含水量超过 10% 时就容易发霉，从而失去饮用价值；茶叶对于气味也特别敏感，如存放茶叶的地方有鱼、肉以及香料等有气味的东西，这些气味很可能传到茶叶上，影响饮用时的味感，严重的甚至不能饮用。除此之外，在保管时还要注意避免茶叶受到挤压而损坏外形。

1. 石灰块保藏法

茶叶保管首要的是除湿。一般在茶馆或家庭中，石灰块是常用的除湿材料。选一个口小腹大的陶瓷罐，清洗干净，晾干，用粗草纸垫在罐底。用细布做成石灰袋，装入石灰块。茶叶用柔软的白纸包好，外面再用牛皮纸包上，放入坛内四周，中间放上一个石灰袋。如此装好后，上面再用数层厚草纸封口，每隔一段时间检查一下石灰袋，当石灰块一捻即碎时就要更换石灰了，一般来说，1 ～ 2 个月换一次石灰块。这种保藏方法适合保存较多的茶叶，可使茶叶在一年以内大体保持原有的质量，石灰也可用木炭来代替。如果用木炭，要先用火将木炭烧红（不要烧成灰烬），冷却后装入布袋，放入罐中，每 1 ～ 2 个月将木炭取出烧干再用。

2. 罐贮法

这适合保管少量的茶叶。罐子不一定是专门的茶叶罐，一些盛装食品的罐子就不错，只要是密封性能较好的就可以，但要注意不能有异味。古人认为"茶宜锡"，密封性较好的锡茶罐是最佳的贮茶器，但价格较贵。玻璃密封罐也可用，但不宜用来盛绿茶，因为玻璃透光，会导致绿茶变质。茶叶罐一般要放在阴凉的地方，高温会加速茶叶陈化劣变。

3. 低温贮存法

将茶叶放在冰箱或冷库中，保持冷库温度在 0℃左右。低温法适合大量茶叶的保鲜，但茶叶在出冷库前要经过抽真空处理，否则低温的茶叶与外界的热空气相遇会迅速吸收水分，使茶叶品质下降。

4. 密封保存法

现代茶馆中还经常用真空包装或充氮包装来保存茶叶，这种方法可以使茶叶在常温下保存一年以上，仍然保持原有的色香味。在日常生活中，可以用塑料袋来包装，也可起一些作用。塑料袋要选用专门的食品袋，不可以有气味。茶叶装入袋中后，可将封口处用蜡烛的小火烫一下，密封效果更好。但是在大部分情况下，家庭里的操作很难完全密封，因此，这样的包装不宜放入冰箱，以免茶叶与冰箱中其他食物串味。

普洱茶的保管与其他的茶叶不同，不能放在密封的环境中，只要放在阴凉通风的环境中就行了，其他的要求与上面所讲的保管方法差不多。

本章小结：

本章的内容包含了三大部分：第一部分是茶叶的发展史，介绍了历史上所出现的茶类及其品评标准，古代的茶类现在已经见不到了，只能从古人的记载中去寻找答案；第二部分介绍了现代的茶类，这是本章的重点内容，在教学中需要与实物的展示结合起来，才能使读者对现代的茶叶有个直接的体验；第三部分介绍的茶叶的取用与保存方法，分析了影响茶叶质量的因素，这部分的知识对于泡茶的质量有直接的关系。

思考题

1. 萌芽期的茶叶有哪些评价指标？
2. 陆羽是如何鉴别茶叶的？
3. 宋代团茶在工艺上与唐代的饼茶有何不同？
4. 如何鉴别现代的散茶？
5. 茶叶的保管要注意哪些问题？

第三章

茶具之美

本章内容： 介绍茶具发展的历史及其与茶艺之间的关系。

教学时间： 6课时。

教学目的： 通过本章的学习，对茶具的发展及其与茶艺之间的关系形成正确的认识，理解茶具的美与茶艺形式之间的关系。

教学方式： 课堂讲述。

教学要求： 1. 了解不同茶具的用途。

2. 知道如何根据情况选择茶具。

3. 理解茶具美与茶艺之间的关系。

作业布置： 找一些瓷器、紫砂知识类的书籍作为参考书。读《陶庵梦忆》与《红楼梦》中关于茶具运用的片段，理解茶具选择中的文人趣味。

　　茶具是茶艺的重要组成部分，每一阶段茶艺的发展同时也可以看作是茶具的发展，它将这一时期的茶艺的程序、精神以及趣味都固化了，它是茶艺的物质形态。另一方面，茶具的美也是独立的，人们可以在茶艺过程中欣赏茶具，如日本的茶道中，欣赏茶具就是其中的一个程序，也可以在茶艺之外欣赏茶具，这个时候，茶具之美所包含的内容就要广泛得多。在本章中，将从茶艺发展的角度、从茶具功用的角度来解读茶具的美。

第一节　主要茶具

　　主要茶具是指茶碗和茶壶，一般人们说到茶具也主要是指这两类器具，有了这两样，茶艺活动就可以开始了。

一、茶碗

　　最早的茶具是由酒具、水具、食具等演变而来的。从出土于长沙马王堆的"君幸酒"与"君幸食"耳杯（图3-1），我们可以知道，当时"杯"这一容器已经出现了用途上的分工，虽然它们在形状上完全一样。因此，有人推断，当时一定已经有了专门的饮茶用的杯子。另外，从后来的茶具的形制上来看，也可以得出早期的酒具、食具兼作茶具的结论。图3-2和图3-3分别是战国与汉代的饮食具，与图3-4的唐代茶碗的主要部分还是非常相似的。唐代茶碗下面的那个托，在汉魏六朝时期就已经有了（图3-5），是与耳杯搭配的，还有专门盛放酒碗的盒子，这些都成为后来茶具发展的参照对象。传说唐德宗时，蜀相崔宁之女好饮茶，但又嫌茶碗烫手，于是就把茶碗放在一个盘子里，为防止茶碗在盘中滑动，就用蜡油将茶碗粘住，后来匠人们就根据她的这个创意做出了带托的茶碗。这一传说明显地晚于茶托子出现的年代，但也说明了当时还有一些不带托子的茶碗。这种有托的茶碗发展到后来就成了明清时流行的茶盖碗。

图3-1　"君幸酒"漆耳杯　　图3-2　战国时期的陶杯　　图3-3　汉代的青瓷碗

图3-4　唐代的茶碗　　　　图3-5　汉魏六朝时期的青瓷带托耳杯

　　早期的茶碗中较受欢迎的是越地的瓷器，西晋杜育的《荈赋》说："器择陶简，出自东隅，酌之以瓠，取式公刘。"有学者认为，"东隅"是指浙江的东部地区，也有学者认为，"东隅"应为"东瓯"——浙江东南的温州一带，无论是浙东还是浙东南，在西晋时期都是瓷器的主要产地，所产以青瓷为主。晋人对青瓷茶具的推崇对后世的影响很大，在以后的很长时间里，青瓷成为茶具中的主流。唐代陆羽在《茶经》中详细解说了他对茶碗的看法："碗，越州上，鼎州、婺州次；岳州上，寿州、洪州次。或者以邢州处越州上，殊为不然。若邢瓷类银，越瓷类玉，邢不如越一也；若邢瓷类雪，则越瓷类冰，邢不如越二也；邢瓷白而茶色丹，越瓷青而茶色绿，邢不如越三也。晋杜琉《荈赋》所谓：器择陶拣，出自东瓯。瓯，越州也，瓯越上。口唇不卷，底卷而浅，受半升以下。越州瓷、岳州瓷皆青，青则益茶，茶作红白之色。邢州瓷白，茶色红；寿州瓷黄，茶色紫；洪州瓷褐，茶色黑；悉不宜茶。"陆羽从茶碗与茶色的关系出发，解释了为什么要推崇越州的青瓷茶具。唐代煎茶的茶汤颜色发黄，如果用白瓷、黄瓷或褐色的瓷器来盛茶，茶汤就会呈现出红、紫、黑等不好的视觉效果，而青瓷茶碗盛的茶汤的颜色发绿，比较好看。图3-6的越窑青瓷荷叶碗是唐代茶碗中的一件精品，碗是一个荷花的造型，盏托则是一张卷边的荷叶，整只茶碗造型随意又大气，碗上的釉色莹润明洁，未饮已觉得茶香满室。宋元时期，点茶法因贡茶的原因成为茶文化的主流，但煎茶法作为普通大众的饮茶法还是存在的，唐代式样的有托的茶碗自然也就有了生存的空间，南宋审安老人的《茶具图赞》中就将这样的有托茶的碗收录了进去，并给它起了个名字叫"古台老人"，在宋代的许多茶画中，也都有用这"古台老人"点茶的场景。一直到清朝，有托的茶碗还有使用，但已经是局限在皇室及文人雅士之间了。图3-7是清代乾隆时期的胭脂彩有托茶碗，看色调似乎是贵族女性所用。

　　宋代的点茶茶汤是白的，所用茶碗也就随之发生了很大的变化。唐代下等百姓用的黑、褐、黄的茶碗这时候成了上等的茶碗。《大观茶论》说："盏色贵青黑，玉毫条达者为上，取其燠发茶采色也。底必差深而微宽，底深则茶宜立而易于取乳，宽则运筅旋彻不碍击拂，然须度茶之多少。用盏之大小，盏高茶少则掩蔽茶色，茶多盏小则受汤不尽。盏惟热则茶发立耐久。"图3-8即是"玉毫条达"的兔毫盏。图3-9是宋代另一款著名的茶碗"鹧鸪斑"。这样的深色的茶盏可以衬托出茶汤的洁白，这时唐朝煎茶所推崇的青瓷茶具的效果就要差了许多，白瓷茶具在北方也还在普遍使用，但显然都不是点茶用的茶盏。茶襄《茶录》说"青白盏斗试自不用"，但在宋代直至明代，唐朝的那种有托茶盏一直都有使用，使用范围应是斗茶以外的饮茶场合。明清时代的茶碗适应散茶冲泡的需要，比以前的茶碗多了个盖子，这样，一个标准的茶碗就由碗盖、碗、碗托三个部分构成，人们把这种碗称为"三才碗"，三才者，天地人，碗盖是天，碗是人，碗托是地。当然，也有很多没茶托的盖碗。这是散茶冲泡法首先带来的茶具的变化。

图3-6　越窑青瓷荷叶碗

图3-7　乾隆朝胭脂彩有托茶盏

图3-8　建窑黑釉兔毫盏

图3-9　建窑黑釉曜变茶碗鹧鸪斑

　　明代的茶具除了传统的以外，还出现了很多釉色及彩绘的茶具，其中以青花、白瓷与彩绘茶具最为突出。

　　明代永乐时期，景德镇烧制的青花瓷及白瓷茶具最为突出。之后，青花茶具很快就被文人们所抛弃，张源在《茶录》中说："茶瓯以白磁为上，蓝者次之。"

高濂在《遵生八笺》中解释了青花不如白瓷的原因："欲试茶色黄白，岂容青花乱之"，因为茶碗内的青花图案会影响茶的汤色。白瓷茶具就不一样了，釉色莹白，如冰如玉，使人看后回味无穷。许次纾在《茶疏》中认为茶碗"纯白为佳"，文震亨在《长物志》中也说白瓷"洁白如玉，可试茶色，盏中第一"。白瓷茶具的发展经历了从永乐到崇祯的明朝的绝大部分时期，工艺已臻登峰造极的境界，尤以永乐、宣德年间为最。图 3-10 是产于福建德化窑的白瓷茶杯，德化窑的白瓷有"中国白"的美誉。文人的趣味对普通百姓也产生了很大的影响，明末时期，德化窑的白瓷也进入了寻常百姓家，图 3-11 的茶具就是为普通家庭或茶馆设计的，造型简洁实用。这把提梁白瓷壶从明代人的用法来看，很可能是直接放在炉上煮水或煮茶用的。

图 3-10　德化窑白瓷杯　　　　图 3-11　德化窑的民用白瓷壶、杯

彩瓷技术给茶具的风格带来了极大的变化，可以说，彩瓷茶碗是明清茶具的一大特点，大约自明代成化、正德年间开始出现了青花斗彩瓷器，这一类茶具大都雅丽绝伦，色调柔和宁静，富有文人趣味，从器具方面对明代茶文化的风格作了精确的诠释。图 3-12 是明代成化时期斗彩人物图瓷杯，明代文人茶艺的朴素、清雅和宁静从这一对茶杯上就可以感受到了。图 3-13 的清代茶碗精致的花鸟图案则表现了一种富贵的气象，这些感受与茶碗的色彩运用有很大的关系。

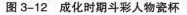

图 3-12　成化时期斗彩人物瓷杯　　　　图 3-13　清代粉彩花鸟纹盖碗

茶碗的大小也随着茶艺的发展产生了较大的变化。唐宋时期的茶碗普遍都

比较大。有托茶碗的口径相差很大，唐代一般在 10 ~ 20 厘米之间，图 3-6 的唐代青瓷荷花造型的茶碗口径为 11.7 厘米，到了宋代，这样的有托茶碗的口径逐渐变小了，但也还在 7 ~ 10 厘米之间。宋代黑瓷茶盏的口径一般在 12 ~ 15 厘米之间，图 3-8 和图 3-9 两款黑瓷茶盏的口径分别为 11.9 和 12 厘米。这既与当时茶艺的风格有关，也与人们日常生活中常常将茶碗与食碗混用有关。自明代散茶撮泡法成为主流，茶具逐渐变得小巧起来。图 3-12 的茶碗口径是 6.1 厘米，与今天的茶碗大小差不多。清朝的袁枚在《随园食单》中记载："丙午秋，余游武夷，到曼亭峰天游寺诸处，僧道争以茶献。杯小如胡桃，壶小如香橼，每斟无一两，上口不忍遽咽。先嗅其香，再试其味，徐徐咀嚼而体贴之，果然清芬扑鼻，舌有余甘。"这样小巧的茶具目前还在普遍地使用。茶具的大小与所处地方的饮茶方式是有联系的。如北方饮茶比南方要粗放一些，茶具也就比较大，尤其是北京的大碗茶。南方的饮茶方式相比北方要精致得多，尤其是南方的工夫茶，只有在使用小茶具时才能品出茶的味道来。不同阶层的人所用的茶具也是不同的，对于普通人来说，饮茶主要是为了解渴，即俗话所说的"饮茶饮湿"，茶具当然就会选择大一些的，而有闲阶层对于饮茶较为讲究，他们不仅要品茶的味道，还要品出茶外的味道来，茶碗自然就精致小巧。

二、茶壶

茶壶的时代性也相当明显。唐宋时期的壶严格地来说不能算是茶壶，古人将其称为"汤瓶"。汤瓶由瓶身、流（壶嘴）、提把三个部分组成。唐朝时的茶是煎茶，是将茶粉放入锅中煮了之后，再舀入茶碗中饮用的，汤瓶的作用是盛水，陆羽在《茶经》中论茶具主要说的是茶碗，壶与瓶是作为一个盛水的器具被提到的，相当于"水方"。瓶中的水可以从流倒出，也可以从瓶口倒出，流的作用不大，所以当时的汤瓶的流都比较短，甚至是倒不出水来的。图 3-14 的鸡头壶上鸡头只是一个装饰，水要从壶口倒出；图 3-15 是唐代青瓷执壶，它的"流"已经可以倒出水来了；图 3-16 是典型的宋代壶的造型，宋代点茶所用的汤瓶的"流"变长了，这样的汤瓶也叫作"水注"，延长以后的流使得由壶中斟出的水流变得有力，符合宋代点茶法的需要。宋徽宗在《大观茶论》中说："注汤利害，独在瓶之口觜而已。觜之口差大而宛直，则注汤力紧而不散，觜之末欲圆小而峻削，则用汤有节而不滴沥。盖汤力紧则发速有节，不滴沥，而茶面不破。"可见宋代汤瓶的变化完全是为了适应点茶法的要求。在使用方法上，宋代的水注与唐代的汤瓶还有一点不同，在唐代煎茶法中，煮水用的是茶釜，而宋代点茶法煮水用的是"水注"。这一改变，使得烹茶时的候汤也成了一件有趣的事情，由于瓶口较小，人们无法从瓶口观察水是否烧沸、烧沸到什么程度，只能通过瓶中的水声来判断，蔡襄说："候汤最难……沉瓶中煮之不可辨，故曰候汤最难。"用水注煮水又带来了壶型的另一个变化。前面介绍的壶的把手都是在壶身的侧面，这样在水煮沸后去提壶注水就有些不便，几乎在点茶法产生的同时就出现了一种提梁壶，在宋代的点茶中提梁壶的使用很广泛，至明代以后，提梁壶成为比较流行的款式。图3-17是出土于南京的明代的紫砂提梁壶。

紫砂壶产于江苏宜兴，是明清茶文化的一大特色。关于紫砂壶，有人认为在宋朝时已经产生了，欧阳修曾是目前："喜共紫瓯吟且酌，羡君潇洒有余情。"诗中提到的"紫瓯"就是紫砂壶，但并没实物与确切的文字资料可以证明这一点。明代中后期，紫砂茶器已经被人们广泛地使用了。图3-17的紫砂壶是1965年从南京出土的，是目前唯一有纪年可考的早期紫砂壶，与紫砂名家供春差不多是同一时代。这样的紫砂壶不同于唐宋时的汤瓶水注，它是用来泡茶的，是真正的茶壶。这把紫砂壶的体形比较大，后来的紫砂壶体形就越来越小，小到可以捧在手上。捧着紫砂小壶在街上，见到茶馆就进去续水，这样的场景在清代是司空见惯的。

图3-14 东晋时期的鸡头壶

图3-15 唐代青瓷执壶

图3-16 宋代的水注

图3-17 明代嘉靖提梁紫砂壶

　　紫砂陶器原是普通百姓的日常用具，经文人的润色之后，成为与商彝周鼎同样珍贵的器皿。供春是紫砂壶最早的名家，据《阳羡茗壶系》记载，他"学使吴颐山家青衣也"，是一个书僮。吴颐山在金沙寺读书时，供春一直陪在身边，就在这段时间，他认识了金沙寺的一个和尚，有传说，最早的紫砂壶就出于金沙寺的这个和尚之手。和尚在制壶时，供春就在一旁看着，然后又自己学着做，学成之后，他的作品"暗暗如古金铁，敦庞周正，允称神明垂则！"供春的后人姓龚，所以也称为"龚春"。供春壶存世极少，在当时已经难得一见了，明末清初张岱《陶庵梦忆》说："宜兴罐以供春为上。"1928年，宜兴人储南强在苏州地摊上，发现一把没有盖的壶，壶把下有"供春"二字篆书，壶底有"大明正德八年供春"刻款，于是不动声色地花了一块银元买下，几经辗转，此壶现由中国历史博物馆收藏。但储南强发现的这把壶，有专家认为很可能是后人仿的。图3-18为今人仿制的供春壶。

图3-18　今人仿制的供春壶

　　时大彬是供春之后最著名的紫砂名家，他的父亲时朋是供春之后的四名家之一，可以算是家学渊源了。他的紫砂壶艺从供春入手，后经陈眉公等文人点化，作品朴雅而妙不可思，人称"时壶"。《阳羡茗壶系》称他的作品"几案有一具，生人闲远之思。前后诸名家并不能及。"明代昆山人张大复说："时大彬壶平平耳。而四维上下虚空，色色可人意"，"时壶不可胜"。"时壶"在明末时也不多见，相当珍贵，图3-19是明末的紫砂高手仿的时大彬提梁壶。宋伯胤在《茶具》一书中这样评点此壶：壶上的多边提梁劲直有力，如长虹卧波，壶口与壶盖做得工整规矩，盖上的六出花形纽使整个造型和谐不单调。壶底是一个特大平面，使得从肩以下逐渐溜圆的壶身重心随之下移，增加了足够的稳定感，整个壶制作得精美绝伦。虽然我们见不到时大彬的原作，但从这件仿作中仍能感觉到时大彬原作的神韵。图3-20是时大彬款紫砂六方壶，此壶的流与把手和图3-19的风格极其相似。

图 3-19　时大彬款天香阁紫砂提梁壶　　　图 3-20　时大彬款紫砂六方壶

　　南方的功夫茶中，常将泡茶的小壶称为"孟臣罐"，这与明末清初的制壶名家惠孟臣有关。惠孟臣以小壶著称，所制梨形壶的影响尤其大，17 世纪末外销欧洲，对欧洲早期的制壶业影响很大。惠孟臣壶工艺手法富有节奏感，"流"不论长短均刚直劲拔。壶体光泽莹润，胎薄轻巧，线条圆转流畅（图 3-21）。

图 3-21　孟臣梨形小壶　　　　　　图 3-22　彭年款曼生铭紫砂扁壶

　　清代杨彭年与金石名家陈鸿寿的合作是紫砂壶艺与文人趣味结合的典范。杨彭年是清代著名的紫砂名家，他的弟弟和妹妹也都是制壶高手。陈鸿寿字曼生，他在离宜兴不远的溧阳做官时结识了杨氏兄妹，对他们的制壶技艺极为赞赏，亲自设计了一些紫砂壶的造型由杨彭年制作，并为壶题写铭记。图 3-22 就是杨彭年与陈鸿生合作的紫砂扁壶，此壶的造型与溧阳报恩寺石井栏极为相似，壶上的铭文也与井栏上的石刻相同，只有数行稍有出入。此壶短流环把，把握起来很方便，注茶时不滴漏，压盖薄平紧密，茶汤香气不易涣散，总体造型和谐圆润。

第二节　辅助茶具

上面提到的壶与杯是主要茶具，还有一些辅助茶具，在茶艺发展过程中也有着较大的变化。唐宋的团饼茶的辅助茶具有烤茶具、碎茶具、量茶具、煮茶具等。明清后的茶具比以前有较多的简化，但又有一些新的辅助茶具出现。

一、烤茶具

在张楫《广雅》的关于汉代饮茶法的记载中，首先提到的辅助茶具就是烤茶具。他说："荆巴间采茶作饼，成以米膏出之，欲饮，先炙令色赤"。烤茶可以增加茶的香味，在团饼茶时期，烤茶就成为饮茶的第一道工序。烤茶时要用"夹"夹住放到小火上去烤。陆羽《茶经》说："夹，以小青竹为之，长一尺二寸。令一寸有节，节以上剖之，以炙茶也"，这样的夹一般都是一次性使用的。竹夹的好处是，在炙茶时，竹的清香味散发出来，竹汗浸润在茶饼上，可以使茶味更加清香。也有用铁制的"夹"，比较耐用些。炙过的茶要放在一个厚厚的纸囊中，以保持茶的香气。纸囊最好用浙江嵊县剡溪所产的藤纸。烤茶具在现代的茶艺中已经完全看不到了。图3-23为夹与纸囊。

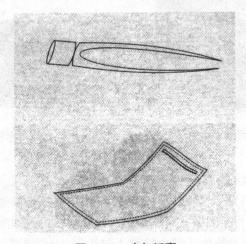

图 3-23　夹与纸囊

二、碎茶具

茶饼要碾碎了才能用来煮。碾茶是团饼茶茶艺极其重要的一环，所用的工具也较多，常用的有茶臼、茶碾、茶磨、拂末、罗合等。

　　茶臼是用来碎茶的，唐代柳宗元在《夏夜偶作》中说："日午独举无余声，山童隔竹敲茶臼。"写的就是用茶臼碎茶的过程，用它捣碎的茶通常比较粗，审安老人在《茶具图赞》中将茶臼的号定为"隔竹居士"即是来自于柳宗元的这句诗。唐代的煎茶中碎可以只用茶臼，但更多时候是与茶碾配合起来使用的，到了宋代还要再加上茶磨，三者配合才能完成碎茶的工作。唐代的茶臼多是瓷质的，宋代则多用木质的茶臼。图3-24是唐代常见的青瓷茶臼。茶臼内有齿，用来研磨茶饼。

图 3-24　唐代的青瓷茶杵和茶臼

　　茶碾是团饼茶茶艺中使用最广泛的，从唐以后，直到明代，茶碾一直都有使用。茶碾的材质也比较多。陆羽在《茶经》中说："碾以橘木为之，次以梨、桑、桐、柘为之。"这是说碾槽中的轮的材料。碾槽有石质、瓷质的。贵族所用的茶碾要高档得多，多用银及熟铁为之。宋徽宗在《大观茶论》中说："碾以银为上，熟铁次之。生铁者非淘炼槌磨所成，间有黑屑藏于隙穴，害茶之色尤甚。"蔡襄也认为银、铁茶碾为好。银茶碾在唐代即已出现，唐代咸通十年，文思院造出一套银茶具供皇家御用，后来被唐僖宗赠予法门寺供养佛祖，图3-25就是其中的银茶碾。图3-26是河北宣化辽墓壁画中的碾茶场景。这样的场景一直延续到明朝中期。

图 3-25　法门寺出土唐代银茶碾　　　　图 3-26　辽代碾茶场景

宋代团茶点饮法要求将茶粉加工得特别细，于是就出现了茶磨。具体使用次序是：先用茶臼将茶饼捣碎，然后用茶碾将茶碾细，最后用茶磨将茶磨成细粉。茶磨的材质一般是石头的，所以审安老人在《茶具图赞》中给它起了个名字叫"石转运"。

在碾茶或磨茶时一定会有茶粉撒落在周围，如果因为撒下来就不要了实在是可惜，撒在地面上的自然不宜再用，撒在台子上却还是干净的。这时，就有了一种工具用来扫这些茶粉，称为"拂末"。唐代，拂末通常是一根鸟的大羽毛，宋朝以后，拂末就常用一把棕帚，美其名曰扫云溪友（图3-27）。

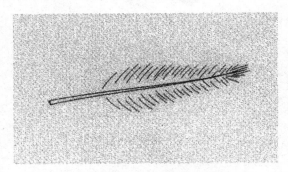

图3-27　拂末

经过碾磨的茶粉的匀细程度并不能满足煎茶或点茶的需要，还要过筛才行。这是一个封闭的筛，操作时茶粉不会漏到外面来，称为"罗合"。陆羽设计的罗合是用粗大的毛竹筒子做的，普通人家与一般的隐士用的应该与此差不多。而皇家、贵族的用品就要精致得多，常用金银为之。图3-28与图3-29是两种不同的罗合。

图3-28　陆羽设计的罗合

图3-29　法门寺地宫里的银茶罗

碎茶具在明朝散茶刚兴起的时候还有使用，到清代也基本不见踪影了。现代，日本茶道中末茶的碎茶工序也不在茶道的现场进行。国内砖茶区还有这一工序，但也不像唐宋时的要求那么高，只要将茶砖弄碎就可以了。

三、标准具

茶则是延用时间最长的量茶具，也称为"茶匙"，其器形与材质很多。陆羽《茶经》中的茶则有贝壳类的，也有铜、铁、竹做成的匙形或策形的量具。则是标准的意思，饮茶时取量多少，全用茶则来量取。图3-30是常用的几种茶则。

图3-30　唐宋时常用的几种茶则

瓢是一个剖开的葫芦，是常用的量水具。晋代杜育的《荈赋》中说："酌之以匏"，匏就是瓢，除了量水用，瓢也用来分茶，每一瓢的量是固定的。《茶经》中的瓢的器形是："口阔，胫薄，柄短。"除此之外，人们也用其他材料做成"杓"，功用与瓢相同，但比瓢要美观得多。到了宋朝，杓的容量被明确规定，"以可受一盏茶为量。"如大一点或小一点，都会影响取水的速度，也就影响了茶的温度。

关于茶艺时的计时，古代往往是从经验出发，现在的茶艺中也有借助于沙漏来计时的。

四、水火具

茶炉也称风炉，陆羽设计的风炉形状如鼎，三足。风炉上还有一些鱼、彪、翟的图案装饰，鱼是水的象征，彪是风的象征，翟是火的象征。宋以后，风炉多用竹子做一外框，称为竹炉，也称为苦节君。"寒夜客来茶当酒，竹炉汤沸火初红"说的就是用竹框风炉煮水的场景，图3-31是常见的竹炉。图3-32是北方辽国的风炉，与南方常见的竹炉形制不同，风炉上的莲花图案似乎暗示了茶艺的佛教氛围。

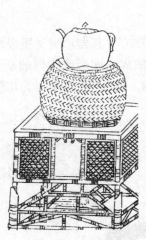

图3-31　竹炉

图3-32　辽国人用的风炉

陆羽称茶釜为"鍑"，用生铁铸成，在唐代也有不少银鍑、石鍑和瓷鍑，陆羽认为，银鍑很洁净，但太侈丽，石鍑和瓷鍑属于雅器，但不结实，"雅则雅矣，洁亦洁矣，若用之恒，而卒归于铁也。"唐代及五代时的茶釜通常都是形如一顶翻过来的草帽，锅沿上有两个耳（图3-33）。也有单柄的茶鍑。茶鍑随着唐代煎茶的没落而逐渐从茶具中消失。交床是与茶釜搭配使用的，茶煮好后，从风炉上端下来，放在交床上，其形如图3-34。

五代时期的青瓷茶釜

唐代的银茶釜

图3-33　茶釜

图3-34　交床

生火具是不可缺少的。唐宋时期的生火具有筥、炭挝、火筴等。筥是用竹编制的盛炭的筐或篮，也称"乌府"。炭挝是用来敲碎木炭的工具，也可用锤或斧。火筴是用来夹炭或拨火的。

贮水器在历代茶艺中的地位都很重要。煮茶用水盛在水方中，容量为一斗。后来人们也用瓷缸来贮水。漉水囊是唐代"禅家六物"之一，用来过滤水，囊的骨架用生铜铸成，熟铜会生绿苔，铁会使水带上铁腥味，所以都不用。囊用青竹丝编织而成，再缝上绿色的绢。漉水囊不用时放在一个不漏水的"绿油囊"中。

五、调茶具

唐代煎茶要用盐调味，所以在茶具中有一个专门盛盐的容器，《茶经》中称为"鹾簋"，"以瓷为之。圆径四寸，若合形，或瓶、或罍，贮盐花也。"器形如图3-35。取盐的小匙叫"揭"，用竹子做成。相比之下，法门寺的"盐台、盐匙"就奢华得多了（图3-36）。由于宋代以后，人们认为茶汤中放盐有损茶味，鹾簋与盐揭也就从茶艺中消失了。

图3-35 鹾簋与揭   图3-36 盐台与盐匙

水盂，用来盛熟水。《茶经》说："熟盂，以贮熟水，或瓷、或沙，受二升。"唐代煮茶时，待水"二沸"时，从釜中舀出一瓢水，盛入熟盂中，然后向釜中投入茶末，待锅中水"三沸"时，将熟盂内的水再倒回釜中"止沸"，以培育茶汤面上的浮沫——汤花。从宋以后，水盂的形状基本没有变化（图3-37），在现代茶艺中，水盂主要用来盛放废弃的茶水。

图3-37 宋代的黑釉水盂

　　煮茶时茶汤表面的"汤花"有一部分是用竹筴搅动产生的，在茶末投入茶釜中以后要用竹筴"环击汤心"，帮助汤花的形成。图3-38是唐朝画家阎立本的《萧翼赚兰亭图》中的煮茶场景，老仆正在用竹筴环击汤心。宋代点茶中的汤花则主要用"茶筅"或"茶匙"击打出来的。蔡襄的"茶录"一书中提到茶匙，"茶匙要重，击拂有力，黄金为上，人间以银、铁为之。竹者轻，建茶不取。"从形状上来，茶匙与盐匙没什么两样，很可能就是借用的盐匙，在废弃了在茶中加盐的做法以后，盐匙也就顺理成章地成了击拂用的茶匙。《大观茶论》不提茶匙而提茶筅，这是一个用竹子制作的小帚，作用与茶匙相仿。茶筅要求"以箸竹老者为之，身欲厚重，筅欲疏劲，本欲壮而末必眇"，明朝以后，散茶的流行使得茶筅在中国茶艺中逐渐消失，但在使用末茶的日本茶道中，茶筅是相当重要的茶具。图3-39是日本茶道中用的茶筅。

图3-38　唐人煮茶时用竹筴环击汤心

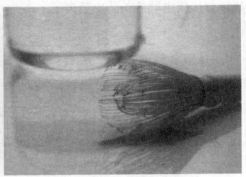

图3-39　日本茶道的茶筅

六、其他用具

　　畚，用来盛放茶碗，也可用筥、竹篮代替。使用时要在碗之间用剡纸隔开，以免茶碗磕碰损坏。

　　涤方，用来洗涤茶碗，与水方大小相仿。洗刷用札，一种类似棕帚的小刷子。现代茶艺中洗涤一般都在后场，日本茶室有专门的水屋用于清洗。

　　滓方，用来盛放滓渣，形状如水方略小些。现代茶艺中常以水盂替代。

　　茶巾，用来清洁各种茶具，两块换着用。

　　具列，是收藏、陈列茶具的茶床或茶架，一般为竹木所制。

　　都篮，一个可以放进所有茶具的容器。

第三节　茶具赏鉴

茶具作为茶艺的重要载体，除了其实用性以外，它的艺术价值也历来受到人们的重视。从其艺术风格上来说，可以分为民间茶具、文人茶具和贵族茶具三大类。民间茶具与文人茶具作为茶具的主体，历来受到人们广泛的欣赏，贵族茶具的工艺精湛，许多珍品也受到人们的追捧。

一、民间风味

民间茶具的风格品位可以用一个字来表达——简。

在本章第一节里说过，早期的茶具往往是与食具或酒具混用的，这在民间茶具上表现得尤其明显，下层百姓生活艰难，大概不会主动地想到为自己准备一套专门的茶具。汉末张楫的《广雅》一书记载当时饮茶的器具是瓷器，瓷器在当时还算是比较高档的器具，估计不是寻常百姓所用的茶具。西晋末年动乱，晋惠帝出逃，路上口渴，小黄门找了个瓦盂煮了点粗老的茶给他喝。这里的瓦盂，应当是有记载的早期的民间茶具了。用这样的瓦器煮出来的茶汤被唐人苏廙在《十六汤品》称为"减价汤"，另一常用的铁、铜、铅、锡等材质的茶器煮出来的汤被称为"缠口汤"，由此可见当时文人对于民间茶具的不屑一顾。

在很长时期内，民间茶具多为粗陶、木器、竹器等，风格以实用为主，往往朴实无华。在唐代时，由于瓷器的发展，瓷质茶具开始进入普通人家，但也都是瓷器中的下品。陆羽在《茶经》中说当时的寿州所产的黄瓷及洪州所产的褐瓷都不适宜作茶具。图3-40是一件寿州窑的黄釉瓷碗，碗体做得较厚，蘸釉手法也不精，致使烧成后的釉面浓淡不匀，而且不光润，这样的茶碗只能是下层百姓所用。

图3-40　寿州窑黄釉瓷碗

随着茶艺的发展，民间茶具也有被提升的机会。这样的机会来自于两个方面，一方面是文人的欣赏，陆羽在《茶经》中配置的许多茶器都是来自于民间，如瓢、则、罗合等；另一方面是来自于茶艺发展的需要，如宋以前，黑釉、黄釉茶碗是下层百姓所用的低档次的茶具，而到了宋朝，因点茶法追求茶汤的洁白的效果，点茶时击拂的动作又要求茶碗要结实，这样，深色的、粗厚的民间茶具就成为茶艺中的首选了。

在日本茶道的发展过程中，民间茶具则被提高到民族意识的高度。茶文化传到日本之初，人们在斗茶时往往追求高档的进口茶具，自村田珠光以后，日本茶道的民族特色越来越浓厚，不再是作为中国茶文化的一个传声筒。作为这种变化的一个重要体现就是茶具的改变，茶人们推崇日本的乡村茶具，认为这些拙朴的器具才能够与茶道的精神相契合。图3-41是日本茶道中一些著名的茶具，风格朴素，其中还能看到中国宋代黑釉茶具的影子。

图 3-41　日本茶道的茶具

现代茶艺中，民间茶具是作为民俗茶艺的一个重要组成部分而存在的，如北京的大碗茶所用的粗瓷大碗，四川茶楼里常用的茶盖碗，江浙茶楼里常用的玻璃茶具，还有闽越区的工夫茶具等。这些茶具的做工一般都不会太精致，实用、简朴是它们的共同特征。

二、文人趣味

文人茶具的风格趣味可以用一个字来表达——雅。

文人所用的茶具多雅趣，推崇自然、俭朴之美，在满足茶艺要求的前提下，尽可能地采用自然的、朴素的器具。杜育的《荈赋》说："器择陶简，出自东隅，酌之以瓟，取式公刘。"产自东南的陶瓷器在华丽的漆器流行的时代看上去要雅致得多，而将葫芦剖开做成的瓟又是利用器物自然形状的典范。陆羽在研究茶道时，所用器具很多都是自然的竹木器，还有用瓷器或石器的，对这些器具，陆羽的评价是"雅器也"，在一些文人和隐士中应用较广。用这样的雅器煮出来的汤也与众不同，用石器煮出来的叫"秀碧汤"，用瓷器煮出来的叫"压一汤"，苏廙在《十六汤品》中说："第八，秀碧汤，石凝结天地秀气而赋形者也。琢以为器，秀犹在焉，其汤不良，未之有也。第九，压一汤，贵欠金银，贱恶铜铁，则瓷瓶有足取焉，幽士逸夫，品色尤宜，岂不为瓶中之压一乎，然勿与夸珍衒豪公子道。"对于已经定形的器具，文人也要尽可能地赋予它们一些情趣，南宋审安老人的《茶具图赞》一书充分体现了文人的这种情趣。

在《茶具图赞》中（图3-42至图3-44），审安老人将当时常用的十二种茶具一一画了下来，并为这些茶具封了官职，起了字号，对其拟人化的品格一一作了点评。文字不多，收录如下。

韦鸿胪，名文鼎，字景旸，号四窗闲叟。"赞曰：祝融司夏，万物焦烁，火炎昆冈，玉石俱焚，乐尔无与焉。乃若不使山谷之英，堕于涂炭，子与有力矣。上卿之号，颇著微称。"（韦鸿胪是竹茶炉）

木待制，名利济，字忘机，号隔竹居人。"赞曰：上应列宿，万民以济。禀性刚直，摧折强梗。使随方逐圆之徒，不能保其身。善则善矣。然非佐以法曹，次之枢密，亦莫能成厥功。"（木待制为茶臼）

金法曹，名研古，字元锴，号雍之旧民；又名镴古，字仲鉴，号和琴先生。"赞曰：柔亦不茹，刚亦不吐。圆机运用，一皆有法。使强梗者不得殊轨乱辙，岂不韪欤？"（金法曹为茶碾）

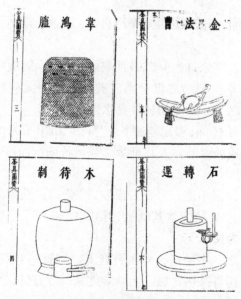

图3-42　韦鸿胪、木待制、金法曹、石转运

图 3-43 胡员外、罗枢密、宗从事、漆雕密阁

石转运，名凿齿，字遄行，号香屋隐居。"赞曰：抱坚质，怀直心，啐嚅英华，周行不息，斡摘山之利，操漕权之重，循环自常，不舍正而适他，虽没齿无怨言。"（石转运为茶磨）

胡员外，名惟一，字宗许，号贮月仙翁。"赞曰：周旋中规，而不逾其闲；动静有常，而性苦其卓。郁结之患，悉能破之。虽中无所有，而外能研究，其精微不足，以望圆机之士。"（胡员外是水瓢）

罗枢密，名若药，字传师，号思隐寮长。"赞曰：机事不密则害成，今高者抑之，下者扬之，使精粗不致於混淆，人其难渚。奈何矜细行而事喧哗，惜之。"（罗枢密为茶罗）

宗从事，名子弗，字不遗，号扫云溪友。"赞曰：孔门高第，当洒扫应对，事之末者，亦所不弃。又凡能萃其既散，拾其已遗，运寸毫而使边尘不飞，功亦善哉！"（宗从事为拂末）

漆雕密阁，名承之，字易持，号古台老人。"赞曰：危而不持，颠而不扶，则吾斯之未能信。以其弭执热之患，无坳堂之覆，故宜辅以宝文而亲近君子。"（漆雕密阁是茶碗托子）

陶宝文，名去越，字自厚，号兔园上客。"赞曰：出河滨而无苦窳，经纬之象，刚柔之理，炳其网中。虚己待物，不饰外貌，位高秘阁，宜无愧焉。"（陶

宝文是兔毫盏）

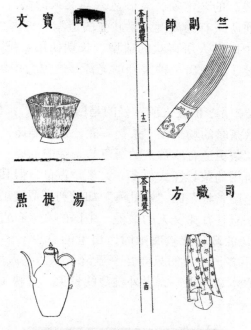

图 3-44 陶宝文、汤提点、竺副帅、司职方

汤提点，名发新，字一鸣，号温谷遗老。"赞曰：养浩然之气，发沸腾之声，以执中之能，辅成汤之德，斟酌宾主间，功迈仲叔圉。然未免外烁之忧，复有内热之患，奈何！"（汤提点是水注）

竺副帅，名善调，字希默，号雪涛公子。"赞曰：首阳饿夫，毅谏於兵沸之时。方金鼎扬汤，能探其沸者几希。子之清节，独以身试，非临难不顾煮畴见尔。"（竺副帅是茶筅）

司职方，名成式，字如素，号洁斋居士。"赞曰：互乡之子，圣人犹且与其进，况端方质素，经纬有理，终身涅而不缁者，此孔子之所以与洁也。"（司职方是茶巾）

明清以后，茶具简化了，但文人们投在茶具上的雅趣一点都没有少。明代中后期开始流行的紫砂茶具是这种雅趣的重要体现。陶器茶具在很长时间里是作为下层百姓的用品，到了供春时期，紫砂壶雅洁、大方而又充满艺术趣味的造型与其实用价值一起受到文人的重视和追捧，不少文人还投身到紫砂茶具的设计中，使紫砂茶具成为集诗、书、画、印于一体的文人清玩。张岱说砂罐锡注，"器方脱手，而一罐一注价五六金……直跻之商彝周鼎之列而毫无惭色"，正是文人们对其艺术成就的高度评价，才使得紫砂与锡茶壶

有如此高的地位。相当一些紫砂艺人也因长期浸染在这样的文化氛围中，而成为文化艺术品位很高的艺术家。紫砂艺人与文人的结合，将紫砂茶具的艺术品位提升到一个前所未有的高度。紫砂壶的造型有许多为松、竹、梅、瓜、梨形式，这些都是中国文人所喜欢的造型。长期使用、把玩的紫砂壶，经过茶的浸润与手的摩娑，会现出一种柔和的光泽，这也与中国茶文化中的"和"的理念暗合。

明代的茶具种类颇多，但文人所钟爱的是白瓷茶具，张岱在《西湖七月半》一文中谈到与朋友饮茶时的场景，"茶铛旋煮，素瓷静递"，素瓷就是白瓷茶具，用这样的茶具饮茶更适合欣赏茶的汤色与茶芽的仙姿。《红楼梦》里栊翠庵品茶一段，妙玉所用的茶具样式很多，大多是古董，但其中的"一只九曲十环一百二十节蟠虬整雕竹根"的"蟠虬海"却受到了贾宝玉的喜爱，这样透着自然的隐逸之气的茶具往往是文人的最爱。中国的文人自古以来就徘徊在出世与入世之间，当朝廷的政治比较腐败时，出世的思想就多一些，而中国历史上政治清明的时代不多，文人们只能是一壶清茶，恬淡人生了。图3-46是一件明代的贮茶瓮，水木清华中一派世外桃源的景象，反映了文人的避世于茶的心情。

图 3-45　明代青花贮茶瓮

文人对于茶艺的程式往往比较关注，在现代茶艺中，这样的关注带来了茶具的发展。传统工夫茶的工具主要是盖碗、小壶与茶杯，程式简单。20 世纪 70 年代，台湾茶人为复兴中国的茶道，在闽粤工夫茶茶具的基础上添加了闻香杯，自然地，程式也随之复杂起来了。

三、贵族气派

贵族，尤其是皇家的茶具与前两者的风格有着相当大的差别，可以用一个"贵"字来概括。

这个"贵"首先是工艺上的独一无二，我国历代都有专门进贡皇家的专用器皿，它们的生产工艺密不外传，茶具也是这样的。唐代有专贡皇家用的秘色瓷，釉色如青玉，晶莹润洁，存世极少。晚唐时徐夤得到一件秘色瓷茶盏，作《贡馀秘色茶盏》："捩翠融青瑞色新，陶成先得贡吾君。功剜明月染春水，轻旋薄冰盛绿云。古镜破苔当席上，嫩荷涵露别江濆。中山竹叶醅初发，多病那堪中十分。"更有名的是陆龟蒙的《秘色越器诗》："青露越窑开，夺得千峰翠色来。好向中宵盛沆瀣，共嵇中散斗遗杯。"越州窑本是产青瓷之地，这秘色瓷更是青瓷中的上品，是唐代最高档的青瓷茶碗。宋代的汝窑茶具也是青瓷一类，在宋朝瓷茶具中地位很高，南宋叶寘在《坦斋笔衡》中说："本朝以定州白瓷器有芒不堪用，遂命汝州造青瓷器……汝州为魁"，汝窑烧造时间仅从宋哲宗至徽宗的二三十年，当时人已经感叹汝窑的难得。定州的白瓷茶具在烧造时碗口不施釉，所以粗糙，宋人称为芒口，匠人们为这样的茶具镶上一条细细的银边，既掩盖了芒口，又为茶具增加了装饰美。明代郑和下西洋，带回来不少矿石作青茶料，基本用在御用瓷器上。永乐宣德时期官窑的颜色釉为茶具增添了亮丽的色彩，如图3-46的釉里红鱼纹高足杯与图3-47的铜红釉僧帽壶，只是这样的亮彩在民间难得一见。明代中后期的贵族茶具工艺日渐繁复，如描金茶具、景泰蓝茶具等，图3-48是明代皇家御用的三彩龙纹描金壶，充分体现了当时统治者的奢靡。

图3-46　釉里红鱼纹高足杯　　　图3-47　铜红釉僧帽壶　　　图3-48　三彩龙纹描金壶

其次，"贵"表现在茶具材质的昂贵。唐僖宗送给法门寺的供佛的鎏金银茶具，工艺极其精美，是唐代最高档次的茶具。其中的琉璃茶碗拓子是一件受西域玻璃器影响的茶碗，与其一起出土的都是伊斯兰的玻璃器，由此可见当时唐代宫中对外来文化的接受情况。这一套茶具包括茶碾、茶罗、茶则、茶碗、贮茶笼、茶盒、盐台、盐匙、银火箸等，见图3-49。看见这一套茶具，就可以想象出唐代皇室贵族的奢侈的饮茶场面。宋代的官僚贵族所用的茶具的材质也是很贵重的，但相比唐代又有区别，更有针对性。宋代蔡襄在《茶录》中提及"砧椎""茶钤""茶碾""茶匙""汤瓶"时都主张用金银材质的，《大观茶论》也认为"碾以银为上""瓶宜金银"，但出于点茶需要，蔡襄所用的银茶匙在这里已经被竹制的茶筅所替代。在明清时期，贵族阶层所用的茶具常有描金工艺，当时的描金工艺是将金粉融在橡胶水中，成本较高，寻常人家是难以承受的，康熙、雍正、乾隆三朝，金银彩绘茶具在贵族及富裕的大户人家盛行，盛世气象与奢靡华贵得到充分体现。直到清代后期，德国人居恩发明的化学"金水"传入中国，弥补了传统描金工艺成本高的缺陷，金银彩绘茶具才开始在较大范围内普及。珐琅彩瓷是一种极为名贵的宫廷御用瓷，诞生于康熙中期，用的是进口彩色料。珐琅彩瓷是仿制铜胎珐琅器而来，其白瓷胎由景德镇烧造，然后在北京的清宫内务府造办处绘彩、上釉、烧制。图3-50是清雍正时期的珐琅彩绘花卉图案开光山水茶壶。

图3-49　仿法门寺鎏金银茶具　　　图3-50　珐琅彩绘花卉图案开光山水茶壶

"贵"还表现在对色彩与图案的运用方面。在我国的封建社会里，颜色与图案往往带有浓厚的政治色彩，如汉代火德，颜色以黑红为主，本章图3-1的"君幸酒"漆器耳杯就是对此很形象的一个注解。从唐代以后，黄色作为皇家专用色的地位逐渐确立，龙凤图案的政治地位也越来越高，宋朝造龙凤团茶的一个目的就是"以别庶饮"，到明清时代，到了登峰造极的地步。明代，黄色作为皇家的专用色，在皇室内部使用时的区别还不是太大，但到了清朝，在皇室内部也有了更明确的规定，只有皇帝才能使用明黄色，其他的皇室成员不能使用纯黄色的器皿，这一制度当然也反映在茶具上。图3-51的黄釉暗刻龙纹盘即是乾隆帝饮茶时用来盛放点心或果品的。图3-52的黄底绿龙花口盘应是皇室的主要人员使用的。龙的图案在中国古代是普遍使用的，皇室的龙是五爪金龙，而民间的龙是四爪，二者不能搞混的。图3-53的一组珐琅釉紫砂壶为康熙御制，色彩以红黄为主，虽然没有龙凤图案，但皇家的玉堂富贵的尊贵气象却是一点也不少的。

图3-51　黄釉暗刻龙纹盘

图3-52　黄底绿龙花口盘

图3-53　康熙御制珐琅釉紫砂壶

四、茶侣与茶具的搭配

茶具是给人用的，因此，有了好的茶具，还要有适合的茶侣搭配才能充分体现出茶具的美来。所谓适合的茶侣，应具备两个方面的条件，一是艺术鉴赏力，二是适合的个人气质。

茶艺中的艺术鉴赏力与其他艺术领域的鉴赏力应该是不同的，除了对于艺术的理解能力，还应有对于茶文化的理解能力。也就是说，除了要有艺术趣味，还要有生活趣味。想象一下，你精心准备了一场茶会，放上了精美的茶具，斟上了香温的春茶，而你的客人端起杯来，一饮而尽，也不管是青花、紫砂，也不管是龙井、蒙顶。茶会的精致气氛顿时消弥于无形。这种情况不能把责任推给茶侣，说他们如何没有品味，应该思考一下茶会的主持者准备工作有无失误之处。把鉴赏茶具作为茶会的一个环节是日本茶道的做法，这样可以控制茶会的节奏，也可以提醒茶侣注意欣赏茶具的美。更重要的是根据茶侣的生活趣味来选择茶具。现代社会中，人们很难得有坐下来仔细品茶、品茶具的心情，碰到这样的情况，茶人应该用普通的茶具来招待，比如，在现代许多茶馆中用大玻璃杯来泡乌龙茶，虽然从品茶的角度来说是不合适的，但却受到许多茶客的喜爱。

根据茶侣的气质不同来准备茶具是很必要的。玻璃茶具与花色清新的瓷茶具一般适合于女性，茶盖碗与紫砂则比较适合于中老年男性，卡通造型的茶具则适合于年轻的女性和小孩子。这是一般情况下的茶具搭配。古代茶人对于人与茶具的搭配做得更加细致妥贴，在《红楼梦》里，曹雪芹为他笔下的人物配的茶具就与他们的气质是统一的。贾母领着一行人来到栊翠庵喝茶，妙玉给贾母上茶，"亲自捧了一个海棠花式雕漆填金云龙献寿的小茶盘，里面放一个成窑五彩小盖钟"，贾母富贵尊荣的气质全在这一碗茶中了。其他的随行人等都是一色官窑脱胎填白盖碗，虽是平常，但也都符合官宦人家的身份。妙玉给宝钗、黛玉和宝玉的茶具又不一样，宝钗用的"瓟瓟斝"，是晋代富豪王恺的珍藏，"宋元丰五年四月眉山苏轼见于秘府"，黛玉用的"点犀㖞"，为犀角所制，两件茶具的珍贵正合钗黛二人才貌双全而又气质脱俗的贵族小姐的身份，但两人又有区别，宝钗的茶具显得更有富贵之气，而黛玉更显得珍贵脱俗；宝玉用的是一只"九曲十环一百二十节蟠虬整雕竹根"的"蟠虬海"，容量最大，妙玉笑他："一杯为品，二杯即是解渴的蠢物，三杯便是饮牛饮骡了，你吃这一海便成什么？"用这样的容器饮茶正显出了贾宝玉不拘于常礼的贵公子的气质。一般的文人饮茶，虽没有贾府那样的气派，拿不出那样多珍奇的茶具来，但也是讲究看人用茶具的。《陶庵梦忆》记载闵老子招待张岱饮茶，茶具用的是荆溪紫砂壶、成宣窑的瓷杯，当然是冲着张岱的气质身份才用这样的茶具的。郑板桥乡居，招待乡里，用的是"瓦罐天水菊花茶"，也与其不羁的素朴风格相宜。

本章小结：

茶具是伴随着茶艺而发展的，随着茶艺要求的不同，茶具的大小、材质发生了很大的变化。本章第一节主要是介绍了这种变化。在茶艺发展的过程中，一些曾经很重要的茶具被淘汰了，而这样的淘汰主要发生在散茶开始成为茶艺主流的明清时期。不同的茶艺要求，带来了人们对于茶具美的认识的不同。唐代人认为青瓷是上佳的茶具，宋代人认为黑釉茶具是最好的，明清以后，青花、白瓷及紫砂成为流行的茶具，这些都与茶艺本身的要求有关。另外，不同的文化程度、不同的社会地位对于茶具美的认识也不相同。

思考题 👕

1. 茶碗的形式与饮茶方法有什么关系？
2. 文人趣味在茶具中有什么样的体现？
3. 唐、宋、明代茶艺中壶的作用有什么区别？
4. 贵族茶具的风格特点是什么？
5. 如何根据茶侣来选择茶具？

第四章

泉水之味

本章内容： 分析历代茶人对水质的认识。

教学时间： 4课时。

教学目的： 通过本章的学习，认识泉水对于茶艺的重要性，理解历代择水的理论，记住部分著名的泉水。

教学方式： 课堂讲述。

教学要求： 1.从茶艺的角度分析泉水的重要性。

2.从文化的角度分析泉水的重要性。

3.结合图片资料介绍历代著名的泉水。

作业布置： 试着用矿泉水、雨水、自来水泡茶，分辨它们之间的不同。分辨沸水泡茶与冷水泡茶的区别。

在历史上，人们对于水有着特别的热情，先秦时的哲人们将水与道联系在一起，孔子说："仁者乐山，智者乐水。"老子说："上善若水。"秦汉以后，道士与医生们又将水与长寿、健康联系在一起。在茶饮流行之后，人们对于水的认识和选择也进入了一个新的阶段。唐代的陆羽开了评水的先河，此后评水成为文人的清趣，择水成为茶人最关心的事之一。日本学者诸冈存在谈到中国人为什么饮茶时说："在优质水比较少的中国，从民族保健的角度来看，茶是绝对的必需品。"这个说法有一点道理，中国疆域辽阔，不同地区的水质是不一样的。中国人对于饮茶用水的认识是在不断发展着的，大致可分三个时期：煎茶时期、点茶时期、散茶时期，在这三个时期里面，人们对水的认识也有了发展。

第一节　唐代对水的认识

最早提到茶与水的关系的人是晋朝的杜育，他在《荈赋》里写道："水则岷方之注，挹彼清流"。杜育时代对于水质的要求主要是一个字——"清"。对于煮水的火候要求，张楫的《广雅》说："若饮，先炙令色赤，捣末置瓷器中，以汤浇覆之"，这里的汤指的是沸水，大约把水烧开就可以了。

一、对于水质的要求

陆羽在《茶经》里第一次对茶与水的关系作了论述。对于水质，他认为："其水，用山水上，江水中，井水下。其山水拣乳泉、石池漫流者上；其瀑涌湍漱，勿食之。久食，令人有颈疾。又多别流于山谷者，澄浸不泄，自火天至霜郊以前，或潜龙蓄毒于其间，饮者可决之，以流其恶，使新泉涓涓然，酌之。其江水，取去人远者。井水，取汲多者。"总的来说，陆羽对于水质的要求是以清洁、安全为上。山水之所以好，是因为它远离人群聚集的地方，受到的污染少，但"瀑涌湍漱"的水，如瀑布水，经常食用会使人得大脖子病，而"澄浸不泄"的水会有潜龙躲在里面，污染水质，这两者都不利于人的健康，因此虽然也是山水，却不可以食用；江水也要取远离人迹的，如果是许多船只往来的地方，江水一定会受到污染的；井水可用，但要经常汲取，如长时间没取水的井水只是死水，当然是不可用的。陆羽在这里只是提出了一个概念性的意见，但此后不久，就出现了关于陆羽评水的书《煎茶水记》。

《煎茶水记》的作者是唐代的张又新，他在书中收录了两份评水记录，一份是刘伯刍的，一份是陆羽的。刘伯刍将宜茶用水分为七等："扬子江南零水第一；无锡惠山寺石泉水第二；苏州虎丘寺石泉水第三；丹阳县观音寺水第四；扬州大明寺水第五；吴松江水第六；淮水最下，第七。"陆羽将宜茶用水分为二十等："庐山康王谷水帘水第一；无锡县惠山寺石泉水第二；蕲州兰溪石下水第三；峡州扇子山下有石突然，泄水独清冷，状如龟形，俗云虾蟆口水，第四；苏州虎丘寺石泉水第五；庐山招贤寺下方桥潭水第六；扬子江南零水第七；洪州西山西东瀑布水第八；唐州柏岩县淮水源第九，淮水亦佳；庐州龙池山岭水第十；丹阳县观音寺水第十一；扬州大明寺水第十二；汉江金州上游中零水第十三；归州玉虚洞下香溪水第十四；商州武关西洛水第十五；吴松江水第十六；天台山西南峰千丈瀑布水第十七；郴州圆泉水第十八；桐庐严陵滩水第十九；雪水第二十，用雪不可太冷。"刘伯刍所评七等水基本在现在的江苏南部，而陆羽所评水涉及的地方就广了。

关于《煎茶水记》里的两份评水记录的真伪，尤其是陆羽所评的二十等水的真伪，后人是有不同意见的。在《茶经》里陆羽说："山水拣乳泉、石池漫流者上；其瀑涌湍漱，勿食之。久食，令人有颈疾。"而《煎茶水记》里陆羽所评的第一泉庐山康王谷水帘水正是《茶经》中所反对的。后来宋朝的欧阳修在《大明水记》中对《煎茶水记》进行了考证，认为张又新伪造了陆羽的评水记录，对陆羽在《茶经》里的观点表示了赞同。但《煎茶水记》自有其价值，首先，它是我国第一部品写水质的专著，开了后代文人品水的先河，书中所评泉水大多品质上佳，被后代茶人追捧；其次，它所记录是唐代人对水质的一种认识，为研究中国茶艺择水理论的发展提供了最初的资料；第三，张又新也提出了一些被后人普遍认同的观点，如他所说："茶烹于所产处，无不佳也，盖水土之宜"就很有道理。

从陆羽到张又新，人们对于煎茶用水的认识是有一个发展的。陆羽所说的对于水质的要求基本上是从水的清洁卫生的角度出发的，而张又新则更进一步，从水质与茶的相宜的角度来评价水的质量。陆羽、张又新等人的观点现在来看还是很有科学道理的。据化学分析，水中通常都含有钙镁离子，钙镁离子含量较高的水叫作硬水，钙镁离子含量较少的水叫作软水，如果水的硬性是由于含有碳酸氢钙或碳酸氢镁引起的，这种水叫作暂时硬水。暂时硬水煮沸后，所含的碳酸氢盐就分解生成不溶性的碳酸盐而大部分析出，就成了软水，如果水的硬性不能用加热的方法去掉，这种水叫作永久硬水。常饮硬水对人的健康有一定的影响。饮茶用水也是以软水为好，软水泡茶，茶汤明亮，香味鲜爽，用硬水泡茶则会使茶汤发暗，滋味发涩，如果水中含有较多的碱性或是含铁质的水，就会使茶汤变黑，滋味苦涩，彻底失去饮用的美感。

二、对于火候的要求

陆羽在《茶经》对于煮水的火候要求非常详细。他把沸水分为三个层次："其沸，如鱼目，微有声，为一沸；缘边如涌泉连珠，为二沸；腾波鼓浪，为三沸；已上，水老，不可食也。"一沸是水还没有烧开，水中翻起的水泡像鱼眼睛那样大小，发出轻微的声响，还没有到100℃；二沸时温度要高一些，水泡沿着锅边往往上冒，像泉水翻动的样子；再烧下去，水沸腾了，在锅里翻滚得很激烈，称之为腾波鼓浪，这是第三沸。这三沸的水都是可以食用的，如果再煮下去，水就被煮老了，不能食用。

我国古代，对于煮水的火候有"虾眼、蟹眼、鱼眼、连珠"等通过目测来辨别的"形辨"的名称，这是几个不同火候的水中气泡的形态。在煮水时，我们可以在容器的底部及壁上发现一些气泡，当温度升高时，小气泡膨胀，由底部上升，升到上层温度较低时，气泡又会缩小，在气泡的膨胀与缩小之间发生的振动使得煮水时会发出声响，而当水煮沸时，气泡升到水面就破裂了，与容器的共振不存在了，所以水也就不响了。

没有烧开的水不好喝，用来泡茶也会影响茶的香气和滋味。为什么"水老，不可食"呢？他是凭什么得出这个结论的呢？可能是陆羽的经验总结，长时间煮的水用来烹茶味道不佳，使他得出了这个结论，也可能是受了当时医学的影响，认为长时间煮的水对人体健康不利。现在来看，烧开的水中空气被大量排掉，使水变得没有刺激性，泡茶时会产生滞钝的感觉，更重要的是，自然水经过长时间加热，水中的亚硝酸盐的含量增加，亚硝酸盐是一种有害的物质，常饮这样的水会对人的脏器造成损害。

从陆羽开始，人们对于煮茶的火候就特别讲究，苏廙在《十六汤品》中说："汤者，茶之司命"，把煮水的火候看得非常重要。对于陆羽所说的煮水的火候，苏廙另起了名字："得一汤""婴汤""百寿汤"。"得一汤"最好，"婴汤"与"百寿汤"都不好。所谓"得一汤"，"火绩已储，水性乃尽，如斗中米，如称上鱼，高低适平，无过不及为度。"这是煮得恰到好处的汤，相当于陆羽所说的水煮到第二沸的时候。"婴汤"是指水还没有烧开，"薪火方交，水釜才识，急取旋倾"，这样的汤"若婴儿之未孩，欲责以壮夫之事"，想要煮出一碗好茶来是不可能的事。所谓"百寿汤"，"人过百息，水逾十沸，或以话阻，或以事废，始取用之，汤已失性矣。"因为说话或其他事情的担搁煮得时间太长的汤，也就是陆羽所说的三沸以上的煮老了不可食用的水。"天得一以清，地得一以宁，汤得一可建汤勋。"所以，得一汤是最好的。

唐代的煎茶是要把茶放入锅中煮的，所以，煮水只是火候的一部分。"水初沸，则水合量，调之以盐味，谓弃其啜余，无乃'卤䐢''卤监'而钟其一味乎"，意思是在第一沸的时候加盐调味，第二沸时，"出水一瓢，以竹环激汤心，则量末当中心而下。"先舀出一瓢水，然后放入茶末，"有顷，势若奔涛溅沫，以所出水止之，而育其华也。"这是第三沸。对这三沸的水在煮茶过程中的应用，陆羽是很讲究、很小心的。自然界的水质不会完全符合茶人的要求，一般都会有些杂质，当水第一沸后，在水面上会出现像黑云母似的水膜，滋味不正，一定要撇清。舀出的第一勺水称"隽永"，这是味道最好的，作救沸之用。

火力是煎茶火候的要点，只要火不是太小，总是可以将水烧沸的，但煎茶时的火力要求是"活火"，古人谓之："茶需要缓火炙，活火煎。"炙是烤茶，火大了会把茶烤焦，煎要活火，火焰稳定有力。燃料也有讲究，最好用木炭，其次用硬柴，沾染油腥气味的烧过的炭以及含有油脂的木柴和朽坏的木器都不能用，这些材料有异味，会影响茶的味道。

第二节 宋元时代对水的认识

在点茶法流行的时代，人们对于水的认识有了新的发展，对于水质与火候的研究也进一步深入了。其中有些是对于前人经验、理论的发展，有些是对于前人观点的批判。

一、 对于水质的要求

宋代人对于唐人的一些择水观点有着自己的看法，欧阳修在《大明水记》中说："水味有美恶而已，欲举天下之水，一二而次第之者，妄说也。"他认为水质有好有差是很正常的，但把天下的水一一加以品评，并排出个名次来，是很荒唐的事。宋人明确提出水质的四项质量指标："清""轻""甘""洁"，这已经不同于陆羽的观点了，陆羽是以水源为标准的，宋人是以味觉与视觉的鉴别为标准的。宋徽宗在《大观茶论》里说："水以清轻甘洁为美。轻甘乃水之自然，独为难得。古人品水，虽曰中泠惠山为上，然人相去之远近，似不常得。但当取山泉之清洁者。其次，则井水之常汲者为可用。若江河之水，则鱼鳖之腥，泥泞之污，虽轻甘无取。"对于水质的洁净，宋徽宗有着近乎执着的看法，因为江河水中有鱼鳖生存就"虽轻甘无取"了。有此观点，固然是他在皇帝这个特殊的位置上，可以用他的观点去影响其他人，但同时，他也是作为一个茶艺的行家在发挥着他的影响。

对陆羽和张又新不曾提及的雨水，宋朝人也是情有独钟，苏轼说："时雨降，多置器广庭中，所得甘滑不可名，以泼茶、煮药，皆美而有益，正尔食之不辍，可以长生。其次井泉，甘冷者皆良药也。"《煎茶水记》里把雪水放在最后一位，而宋人则认为雪水很好，宋赵希鹄在《调燮类编》中说："雪水甘寒，收藏能解天行时疫一切热毒，烹茶最佳，或疑太冷，实不然也。"又说："水泉不甘，能损茶味，山水、江水次之，雪水、梅雨水亦妙。"雪水的使用从宋朝以后越来越多，元朝末年，陈基作《炼雪轩记》说吴郡因了堂上人特别爱喝茶，他家乡的泉水可与陆羽、张又新所说的名泉相比，但"上人顾舍之不取"，而对于《煎茶水记》中排在最后一位的雪水情有独钟，还给他的房子取名叫"炼雪轩"。

优质水不是什么地方都有的，为了能在点茶时得到优质的水，人们想了不少的办法，最常用的是两种。一是运水，从很远的地方将著名的泉水运来。运水在唐朝时已经有人做了，权臣李德裕在煎茶时要用惠泉水，于是命人从惠山给他运水，还给这工作起了个名字叫"水递"。苏轼点茶爱用玉女洞的泉水，又怕去取水的人骗他，用其他的水来代替，于是就和洞边的寺院里的僧人约好了，破竹为契，让取水的人带回来作取水的凭证。路途远的时候，运输的时间较长，而水又不流动，等到了地点，水的味道已经不是新汲取时的味道了，对此，古人想了个养水的办法："惠山当二浙之冲，士大夫往来者贮以罂瓶，以箬封竹络，渍小石其中，犯重江，涉千里，而达京师。"这样运来的泉水与新汲时无异，这样的方法在宋代常用。第二种方法是藏水，将梅雨水或雪水收集起来，需要时拿出来用，这也会碰到水质变坏的情况，也有方法可以解决这个问题，"藏水坏者，烧瓦片投入坛内便解。"

张又新之后，人们对于烹茶用水的认识都是从水质是否宜茶这个角度来考虑的，而对于水的是否出自名泉并不太看重。宋代蔡襄与苏舜元斗茶，蔡襄曾在福建督造团茶，是茶叶生产与茶艺的行家，所用的茶叶当然是最好的，点茶用的水是天下第二泉——惠山泉，也是上上之选；苏舜元的茶不如蔡襄的好，用的水是竹沥水，结果人们评价苏舜元胜出。技术上两人估计在伯仲之间，不然不会成为斗茶的对手，苏舜元用较逊一筹的茶而能胜出，完全归功于他所用的竹沥水，这是用竹子承接的雨水或山泉，比惠泉多了一份竹子的清香。因此，水质能直接影响到茶质，如泡茶的水质不好，就不能正确地反映出茶叶的色、香、味，尤其是对滋味的影响更大。

二、对于火候的要求

点茶法是将茶末放在茶碗中，再冲点入开水，不需要将茶放在锅中煮了，煎茶法当中对煮茶火候的要求就不存在了，但点茶法对于煮水的火候有更高的要求，因为相比唐代的煎茶而言，点茶对茶汤上面的一层浮沫要求较高，而这层浮沫要与茶末混在一起才能保持较长的时间，如果水没有煮熟，沫就会浮在表面，与茶的联系不够；如果水煮得过熟，茶就会下沉，这两种情况都会影响浮沫的质量。更难的是对于煮水过程的观察，唐人是在锅里煮水，眼睛可以看见水在加热过程中的变化，而点茶法是用汤瓶来煮水的，水在瓶中，眼睛无法看到，只能靠耳朵来听声音，判断瓶中水的温度，称为"声辨"。所以，蔡襄在《茶录》中说："候汤最难，未熟则沫浮，过熟则茶沉，前世谓之蟹眼者，过熟汤也。沉瓶中煮之不可辩，故曰候汤最难。"但"声辨"也给人们带来的新的乐趣，茶人们将煮水时发出的声响称为"松风"。

煮水时的火候不容易控制，而且会因为种种原因，水煮得老了，对此，宋人并没有如陆羽所说的那样，简单的来一句"水老，不可食也。"而是找到了一个方法，解决了煮水时经常出现的这一问题。宋徽宗在《大观茶论》里说："在凡用汤以鱼目蟹眼连绎并跃为度。过老则以少新水投之，就火顷刻而后用。"对于煮水过程中的火候，宋人也有了新的说法："俗以汤之未滚者为盲汤，初滚曰蟹眼，渐大曰鱼眼。其未滚者无眼，所语盲也。"当时人们把没有烧沸的水称为"盲汤"，因为煮水是在瓶中，眼睛看不见，才有水没烧沸就拿来用的情况。宋徽宗说"用汤以鱼目蟹眼连绎并跃为度"；苏轼诗云："蟹眼已过鱼眼生，飕飕欲作松风鸣。"由宋徽宗与苏轼的描述来看，宋人在水温的要求上也不像唐代的三沸要求，只相当于唐代煎茶中的一沸、二沸的水。这也与宋代点茶法的特点有关，点茶法中，茶不需要放入锅中去煮，也就无由达到三沸的状态了，而且由于是在瓶中煮水，保温效果要好于在铛中煮水，也就不需要把水煮到腾波鼓浪的状态了。

唐末苏廙《十六汤品》大部分内容是针对当时开始流行的点茶法而言的，对于煮水的火候，他认为煮水的时候"凡木可以煮汤，不独炭也。惟沃茶之汤非炭不可。在茶家亦有法律：水忌停，薪忌熏。犯律逾法，汤乖，则茶殆矣。"又说："或柴中之麸火，或焚余之虚炭，木体虽尽而性且浮，性浮则汤有终嫩之嫌。炭则不然，实汤之友。"如果煮了一半火停了，或者煮水的燃料用的是有烟的木柴，都是不好的，因为木柴质地轻，煮出来的汤会比较嫩，不利于点茶。至于用牛粪、枯枝枯叶之类来煮水也不好，会影响茶的香味而且使茶失去了中和之气。苏廙的观点有的是有道理的，如他说燃料用炭比用柴好，因为炭的热量高，符合人们煮水时活火的要求；如他说的煮水的时候不能有烟，不能用有气味的燃料等。有的则是古人对于一些问题的想当然的认识，如他说的燃料对于茶的"中和之气"就有点故弄玄虚。

点茶法在宋时也不是全国都照做的，有相当一部分人还在用唐代的煎茶方法来烹茶，苏辙在诗中说："我今倦游思故乡，不学南方与北方，铜铛得火蚯蚓叫，匙脚旋转秋萤光。"当时南北流行的是点茶法，苏辙说不学南方与北方，即是说不用点茶法来烹茶，所谓"铜铛得火蚯蚓叫"，与唐代在铛中煮水的方法是一样的。

第三节 明清时代对水的认识

唐人对于水的认识是从水源的角度，所谓山水、江水、井水等都是水源的不同，宋人对于水的认识是从水的味道出发的，到了明清时期，对水的认识又有了一个新的角度——重量。相比较来看，唐宋时的评水的标准充满了艺术的气息，而以重量来区分水质，则带有相当的科学的味道。这些不同，自然是与茶艺的不同有关系，也与时代的科学知识的发展有关系。明初是茶艺变革的时代，一方面，唐代的煎茶法和宋元的点茶法对茶人们的影响很大，另一方面，散茶的淹泡法开始流行，如此一来，对于烹茶之水的认识也处在变化之中。

一、 对水质的要求

明代茶艺大家朱权也曾对水进行过品评，他在《茶谱》中说："青城山老人村杞泉水第一，钟山八功德第二，洪崖丹潭水第三，竹根泉水第四。"他没有列出二十等水来，可能他所列的只是经历过的泉水，这样来看的话，他所说的四等水应比《煎茶水记》里的更可靠些。朱权对水质的认识与陆羽、张又新是一脉相承的，在其所评四等水的后面，他也付上了《煎茶水记》中的两份评水记录。

田艺衡的《煮泉小品》是一本研究水的专著，有人认为这只是一本文人的游戏笔墨，但这样的笔墨游戏在书中只是占了一部分，有许多是出于作者的认真的研究与思考，但在内容上，与前人的观点往往大同小异。他认为"泉非石出者必不佳"。其实就是陆羽所说《茶经》里所说的"山水上"；他说"泉往往有伏流沙土中者，挹之不竭即可食。不然则渗潴之潦耳，虽清勿食"，这也是陆羽在《茶经》中的观点。也有他自己的一些观点："流远则味淡。须深潭淳畜，以复其味，乃可食。"意思是说流得很长的小溪水的味道会变淡，一定要在深潭里贮存一段时间，才可以让水的味道得到恢复。在水质方面，田艺衡说："清，朗也，静也，澄水之貌。寒，冽也，冻也，覆冰之貌。泉不难于清，而难于寒。"他认为"清寒"是最重要的品质，两者再相比较，寒又胜于清。其次，"甘香"也是很重要的品质，"泉惟甘香，故亦能养人。然甘易而香难，未有香而不甘者也"。 对于瀑布水是否可食的问题，明代的徐献忠提出了他自己的看法："瀑水虽不可食，流至下潭，淳汇久者，复与瀑处不类。"明代人对水源附近的植物、矿藏的重要性很重视。徐献忠的《水品》里说："传记论泉源有杞菊，能寿人。今山中松苓、云母、流脂、伏液与流泉同宫。其下杞菊浮世，以厚味夺真气，日用而不自觉尔。"又说："闽广山岚有热毒，多发于花草水石之间。如南靖潭水坑，多断肠草落英，在溪十里内无鱼虾之类。""泉上不宜有木，吐叶落英，悉为腐积，其幻为滚水虫，旋转叶纳，亦能败泉。"他认为，泉源有树木是影响水质的重要原因，如果有一些毒草的话，泉水就彻底不能用了。

对于唐宋时常见的贮藏泉水的情况，明朝人也有自己的看法，徐渭在《煎茶七类》中谈到"品泉"时，先是对陆羽表示赞同："山水为上，江水次之，井水又次之。井贵汲多，又贵旋汲，汲多水活，味倍清新；汲久贮陈，味减鲜冽。"他认为长时间贮存的水，质量会下降，主张旋汲旋用。

田艺衡《煮泉小品》最大的贡献是强调了水质与茶的相宜。关于这一点，张又新曾说"茶烹于所产处，无不佳也，盖水土之宜"，白居易也说"蜀茗寄到但惊新，渭水煎来始觉珍"，都是强调茶与水的相宜，但后人似乎更看重水的品质，以至于要从很远的地方运水。田艺衡在品评了龙井的茶以后，认为龙井茶与龙井泉水的搭配是最相宜的，在浙江找不到可与之比美的搭配。他还曾试过用严陵滩水烹武夷茶与金华茶，泡出来后，"武夷则黄而燥冽，金华则碧而清香"，于是他得出结论："择水当择茶也。"

明代人开始注意到不同水质的水重量也不相同。徐献忠《水品》说："水以乳液为上，乳液必甘，称之，独重于他水。凡称之重厚者，必乳泉也。丙穴鱼以食乳液，特佳。煮茶稍久，上生衣。"清乾隆帝是"水重"论的支持者，他在《玉泉山天下第一泉记》中说："水之德在养人，其味贵甘，其质贵轻，然三者正相资，质轻者味必甘，饮之而蠲疴益寿。故辨水者恒于其质之轻重分泉之高下焉。"他的观点与徐献忠的相反，徐献忠认为佳泉水必重，而他认为佳泉水必轻。明清时茶人对水的追求近乎痴迷，因此还产生了一种近乎荒诞的"以水洗水"的做法，陈其元在《庸闲斋笔记》中记载，乾隆在到处巡幸时带着他最喜爱的玉泉水，但在长途舟车颠簸之后，水的色与味都不如新汲取时。于是就取其他地方的泉水与玉泉水搅在一起，定下来后，污浊沉在下面，而玉泉水由于比其他水轻，浮在上面，这样洗过的玉泉水与新汲时不差分毫。

由于对水质认识的发展，唐宋时所认为的"清"的标准在明代开始受到挑战，许次纾《茶疏》说："往日渡黄河，始忧其浊，舟人以法澄过，饮而甘之，尤宜煮茶，不下惠泉。黄河之水，来自天上，浊者土色，澄之既净，香味自发。"他发现，经过澄清的黄河水原来也是可以烹茶的，而且味道比之大名鼎鼎的惠泉也不差。

对于水质与季节的关系，明朝人也有自己的认识。许次纾认为："凡春夏水涨则减，秋冬水落则美。"这也有一定道理，春夏时水涨，上游的泥少、水草及其他的一些污染物都会顺流而下，水质不会太好，而且水草多了还会造成水质的富营养化；秋冬季没有太多的雨水，水草也大多死了，微生物的繁殖较慢，水质相对的就要好许多。对于雨雪的在烹茶中的应用，明代人熊明遇《罗岕茶记》

说："秋雨为上，梅雨次之。秋雨冽而白，梅雨醇而白。雪水天地之精也。"

还有一个比较有趣的现象，遥远的欧洲人来到大明王朝以后对品评水质也很感兴趣，并且提出了他们的一套鉴别水质的方法，为评水增加了一些中西方交流的味道。《茗笈》一书中的"附泰西熊三拔试水法"对此做了如下记载。

试水美恶，辨水高下，其法有五。凡江河井泉雨雪之水，试法并同。

第一煮试 取清水置净器煮熟，倾入白瓷器中。候澄清下有沙土者，此水质恶也。水之良者无滓。又水之良者煮物则易熟。

第二日试 清水置白瓷器中，向日下令日光正射水，视日光中若有尘埃絪缊如游气煮，此水质恶也。水之良者，其澄澈底。

第三味试 水元行也。元行无味，无味者真水。凡味皆从外合之。故试水以淡为主，味甘者次之，味恶为下。

第四秤试 各种水欲辨美恶，以一器更酌而秤之。轻者为上。

第五丝绵试 又法用纸或绢帛之类，其色莹白者，以水蘸候干，无迹者为上也。

相比较而言，这个外国人的试水方法比中国传统的鉴水方法更具有可操作性。不同的水轻重相差微乎其微，称水的轻重需要非常精确，所以这种方法可能是直接来自于国外。

二、对于火候的要求

明初，在煮水的火候上与前人的说法大致相仿，但也有自己的一些创见。朱权说："用炭之有焰者谓之活火。当使汤无妄沸。初如鱼眼散布，中如泉涌连珠，终则腾波鼓浪，水气全消。此三沸之法，非活火不能成也。"他认为煮茶所用的水应当时三沸之水气全消的水。许次纾认为："精茗蕴香，借水而发，无水不可与论茶也。"明代张大复在《梅花草堂笔记》中也说："茶性必发于水，八分之茶，遇十分之水，茶亦十分矣；八分之水，试十分之茶，茶只八分耳。"这里，他们二人说的既是水质，也是煮水的火候。散茶撮泡法成熟后，明人在火候上的认识又有了发展，文震亨在《长物志》里说："水逾十沸，汤已失性，谓之老。"在前人的"三沸"的基础上提出"十沸"的说法。

明初时，散茶方兴，人们往往还在使用宋元团茶的饮用方法，这使得散茶的泡法有了可以参照比较的对象。陆树声在《茶寮记》中分析了散茶与团饼茶在煮水火候上的区别："茶用活火，候汤眼鳞鳞起，沫饽鼓泛，投茗器中，初入汤少许，使汤茗相投，即满注，云脚渐开，乳花浮面，则味全。盖宋茶用团饼碾屑，味易出。今用叶茶，骤则味乏，过熟则昏浊沉滞矣。"团茶因为碾碎的缘故，在冲点时容易出味，而叶茶出味的速度则要慢些，所以冲点团饼茶时水温要低一些，而泡散茶时，水温则要高一些。这一点在现代的茶叶中也可以看出，如红碎茶的出味速度就比普通的红茶要快。

第四节 现代茶艺对水的认识

从唐至清，古人对水的研究不胜枚举，在当时的科学背景下，大多有一定的道理，也有不少是古代文化的笔墨游戏。近代以来，由于工业、农业、旅游业的发展，前人所说的名泉有的已经不存在了，有的泉还在，但水质已大不如前，甚至到了不能饮用的地步。如著名的中泠泉、吴淞江水、淮水等都已严重污染，不能再作饮用水了，而雨水、雪水因为大气污染的缘故，也不宜直接饮用了。因此，现代茶艺对于水的认识当然不能建立在古人的经验及理论的基础上，而只能建立在现代科学的基础上。

一、对于水质的要求

现代水质标准是建立在水化学的基础之上的，感官上会引起人不愉快的水质当然是不可以用的，感官无法分辨的，则有化学分析的标准。由于各国发展的情况不一，各国的水质标准也不尽相同，有的距离还比较大。依据地表水水域环境功能和保护目标，水域按功能高低依次划分为五类：一类水，主要适用于源头水、国家自然保护区；二类水，主要适用于集中式生活饮用水地表水源地一级保护区、珍稀水生生物栖息地、鱼虾类产卵场、仔稚幼鱼的索饵场等；三类水，主要适用于集中式生活饮用水地表水源地二级保护区、鱼虾类越冬场、泗游通道、水产养殖区等渔业水域及游泳区；四类水，主要适用于一般工业用水区及人体非直接接触的娱乐用水区；五类水，主要适用于农业用水区及一般景观要求水域。对应地表水上述五类水域功能，将地表水环境质量标准基本项目标准值分为五类，不同功能类别分别执行相应类别的标准值。水域功能类别高的标准值严于水域功能类别低的标准值。同一水域兼有多类使用功能的，执行最高功能类别对应的标准值。实现水域功能与达到功能类别标准为同一含义。

（一）地表水环境质量标准（GB3838-2002）

下面的这份地表水环境质量标准是国家环保总局和国家质量监督检验检疫总局 2002 年 4 月 28 日发布的，并于 2002 年 6 月 1 日实施。这份标准是为贯彻《中华人民共和国环境保护法》和《中华人民共和国水污染防治法》，防治水污染，保护地表水水质而制定，适用于全国江河、湖泊、运河、渠道、水库等具有使用功能的地表水水域；集中式生活饮用水地表水源地补充项目和特定项目适用于集中式生活饮用水地表水源地一级保护区和二级保护区。这份标准项目分为：地表水环境质量标准基本项目、集中式生活饮用水地表水源地补充项目和集中式生活饮用水地表水源地特定项目。这里介绍地表水环境质量标准基本项目。

表4-1　地表水环境质量标准基本项目标准限值　单位：mg/L

序号	标准值 分类 项目		I类	II类	III类	IV类	V类
1	水温（℃）		人为造成的环境水温变化应限制在：周平均最大温升≤1，周平均最大温降≤2				
2	pH值（无量纲）		6～9				
3	溶解氧	≥	饱和率90%（或7.5）	6	5	3	2
4	高锰酸盐指数	≤	2	4	6	10	15
5	化学需氧量（COD）	≤	15	15	20	30	40
6	五日生化需氧量（BOD5）	≤	3	3	4	6	10
7	氨氮（NH3-N）	≤	0.15	0.5	1.0	1.5	2.0
8	总磷（以P计）	≤	0.02（湖、库0.01）	0.1（湖、库0.025）	0.2（湖、库0.05）	0.3（湖、库0.1）	0.4（湖、库0.2）
9	总氮（湖、库.以N计）	≤	0.2	0.5	1.0	1.5	2.0
10	铜	≤	0.01	1.0	1.0	1.0	1.0
11	锌	≤	0.05	1.0	1.0	2.0	2.0

序号	标准值项目 分类		Ⅰ类	Ⅱ类	Ⅲ类	Ⅳ类	Ⅴ类
12	氟化物（以 F⁻ 计）	≤	1.0	1.0	1.0	1.5	1.5
13	硒	≤	0.01	0.01	0.01	0.02	0.02
14	砷	≤	0.05	0.05	0.05	0.1	0.1
15	汞	≤	0.00005	0.00005	0.0001	0.001	0.001
16	镉	≤	0.001	0.005	0.005	0.005	0.01
17	铬（六价）	≤	0.01	0.05	0.05	0.05	0.1
18	铅	≤	0.01	0.01	0.05	0.05	0.1
19	氰化物	≤	0.005	0.05	0.02	0.2	0.2
20	挥发酚	≤	0.002	0.002	0.005	0.01	0.1
21	石油类	≤	0.05	0.05	0.05	0.5	1.0
22	阴离子表面活性剂	≤	0.2	0.2	0.2	0.3	0.3
23	硫化物	≤	0.05	0.1	0.2	0.5	1.0
24	粪大肠菌群（个／L）	≤	200	2000	10000	20000	40000

（二）常用的几种泡茶用水

《地面水环境质量标准》是从生活的角度来区分水的，在茶艺活动中，对于水的要求相对更高一些，自然水以一类水与二类水用来泡茶较好。上海曾有几位评茶专家以杭州虎跑泉水（隔日的）、上海的深井水、自来水和蒸馏水四种煮沸后试评水质，结果是虎跑泉水最好，深井水第二，蒸馏水第三，自来水最差，用来泡茶后试评，结果与上面的次序一样。杭州的几位评茶专家用虎跑泉水、雨水、西湖水、自来水、井水冲泡多种茶叶，茶汤的色、香、味均以虎跑泉最好，雨水第二，西湖水第三，井水最差。自来水有氯的气味，影响了香气和滋味，缺少可比性，未列入等级。这是许多年前的事了，如今的水质与当时不可同日而语，但还是可以用作参考。

1. 泉水

泉水仍是现代泡茶用水的首选。目前可用的泉水主要集中在一些风景区与自然保护区，但由于地下水的过度开采，泉水也变得季节性很明显了，如济南号称泉城，但目前到了旱季，往往会出现泉水枯竭的情况。还有一些泉水，因游人太多，水中的杂物也跟着多起来了，水质也受到影响。矿泉水是泉水中特殊的一种，一般来自地下数百米以至数千米，是在极特殊的地质条件下，经过漫长的岁月逐渐形成的。矿泉水是优质的饮用水，但许多矿泉水不能引发茶香，甚至有损茶汤的色香味。

2. 井水

一般城市里的井水也还可用，但在一些工业城市，地下水污染严重，普通的井水也不能使用了。另外，由于自来水的普及，井水在城市里使用已经很少了，长时间不用，井中就会有一些污秽杂质及蚊虫滋生，加上水长期不流动，水质也会变差。如果用井水，应如陆羽所说的经常汲取井水，好好地淘一淘，才能用来泡茶。

3. 雨水

雨水以秋雨和梅雨为好，这两个季节由于雨水较多，空气中的污染物相对较少，雨水的质量也跟着变好了。在空气污染严重的地方，雨水不适宜用来泡茶。雨水收集了以后，可以放在罐子里，密封好。长时间收藏的雨水，水质也会变差，可以用一些洗净的石子，放在罐中，可以使水的气味清新，用时可将干净的瓦片烧热，放于水中，能起到净化水质的作用。

4. 雪水

雪水的使用与雨水相仿。在收集雪水时，可选择一些花卉上面的雪，如梅花上的雪，松、柏、竹等植物上的积雪也可以，这些雪的气味往往较为清新。取雪时，尽量取上层，底层的会有较多杂质。近些年来，南方的气温较高，冬天雪很少，即使有也是很薄的一层，不宜用来泡茶。雨水、雪水也以景区及自然保护区的品质较好。

5. 江湖水

长江水基本不可用了，历史上江边的那些名泉如今大多废掉了，真的很可惜。也有一些江由于交通不便，水质还不错，如浙江的富春江、新安江等。湖水由于水产养殖的缘故，富营养程度往往比较高，一般都不可用来作泡茶用水了。

6.纯净水

纯净水是经过净化的可即时饮用的水，它符合生活饮用水的卫生标准，不含任何添加物，用于泡茶也是一个不错的选择，但它在风味上会比天然的泉水要差些。

二、对于火候的要求

现代茶艺中对于煮水的火候选择有两种情况，一是传统的沸水，一是冰水。唐代煮水时要求"三沸"，宋代则要求在"二沸"与"三沸"之间，明清时的叶茶冲泡则提出了"五沸""十沸"的要求，这一方面是对火候认识的发展，另一方面，也是从茶与水的搭配的角度出发的。现代茶艺中所用的沸水是介于"三沸"与"五沸"之间的，但这说的是将水烧透，而不是指全用100℃的沸水去冲泡茶叶。之所以要将水烧透，与现代的水质有很大的关系，在用自然水的情况下，不同水的硬度是不一样的，通过煮水可以将假硬水转化成软水，可以使水中漂白粉的气味多散去一些，如果用纯净水，只要煮至三沸就行了。用冰水是将煮沸以后的水晾凉，再冻成冰，其实只是泡茶温度上的变化，在煮水的要求上与沸水还是一致的。

沸水泡茶有着不同的温度要求。自明代以后，散茶出现了黄茶、白茶、黑茶、红茶、乌龙茶等新品类，加上原有绿茶一共是六大茶类。这六大类茶的泡茶水温的要求不一样，如果再加上茶叶老、嫩、新、陈的区别，泡茶的水温要求就更多了。而煮茶地点的不同，海拔不一样，高海拔的地方气压低，往往达不到100℃水就沸腾了。一般来说，泡制高档绿茶用80～85℃的水温，茶汤的香气、滋味最好，因此，在冲泡高档绿茶时，应先将水烧沸，然后稍稍晾凉再用来泡茶。对于高档绿茶，冲泡时不可以加盖，以免茶汤产生一股闷熟味。冲泡乌龙茶时要用刚烧沸的水，温度在95℃左右，而在酥油茶、奶茶等茶艺中，茶要煮过才行。关于具体的冲泡方法，将在第六章分类茶艺中讲解。

第五节 历代著名泉水

从陆羽以后，茶人们对于优质泉水一直是情有独钟的，人们发现了越来越多的宜茶泉水，这在历代的文人笔记中都有记载，但这些资料检索起来很不方便，因此，整理出来列在这里以备读者检索。所列泉水都是在前朝的基础上增添的，只记其最早出名的朝代。

一、 唐代的名泉

扬子江南零水，也叫中泠泉、中零泉、中泠水、南零水。据《煎茶水记》载，中泠泉被刘伯刍评为第一泉，被陆羽评为第七泉，在扬子江江心偏南的地方，清代同治以后，由于长江干道北移，此泉与江南岸相连，现位于江苏省镇江金山以西的石弹山下，见图4-1。

图4-1　天下第一泉：中泠泉

无锡惠山寺石泉水，也叫惠泉、慧泉。据《煎茶水记》所载，惠泉被刘伯刍与陆羽同评为天下第二泉，是唐代泉水中最无争议的优质泉水，在江苏无锡惠山（图4-2）。自从唐人品题之后，惠泉一直是深受人们喜爱的泉水，从唐以后，茶人们往往喜欢将惠泉水运到千里迢迢的京城去用，明末时，也曾有一位叫闵汶水的隐者特意将惠泉水运到南京去煮茶。

图4-2　无锡天下第二泉：惠泉

苏州虎丘寺石泉水。据《煎茶水记》载，虎丘山泉被刘伯刍评为第三泉，被陆羽评为第五泉。据《苏州府志》记载，茶圣陆羽晚年，在德宗贞元中（约于贞元九年至十七八年间）曾长期寓居苏州虎丘。一边继续著书，一边研究茶学、研究水质对饮茶的影响。他发现虎丘山泉甘甜可口,遂即在虎丘山上挖筑一石井,称为"陆羽井",又称"陆羽泉"。

丹阳县观音寺水。据《煎茶水记》载,观音寺泉被刘伯刍评为第四泉,被陆羽评为第十一泉。南宋时被称为玉乳泉,在江苏丹阳观音寺内。

扬州大明寺水。据《煎茶水记》载,大明寺泉被刘伯刍评为第五泉,被陆羽评为第十二泉(图4-3)。大明寺在扬州城北蜀岗上,自唐代开始就盛产茶叶,唐代人认为蜀岗的茶滋味可与当时的名茶蒙顶甘露媲美。宋代,欧阳修曾于此作《大明水记》,对大明寺的泉水也是非常赞赏。此井后来废弃无人知道,明朝时大明寺僧人沧溟在施工时发现了这口井,嘉靖中叶,巡盐御史徐九皋书"第五泉"三字。

图4-3 扬州大明寺第五泉

吴淞江水。据《煎茶水记》载,刘伯刍评其为第六,陆羽评为第十六。吴淞江是黄浦江的支流,即今天的苏州河。

淮水。据《煎茶水记》载,刘伯刍将淮水评为第七,陆羽评为第九。但两人所评的水源可能有些不同,陆羽所说的是唐州柏岩县淮水源,刘伯刍所说的可能是淮河中的水。

庐山康王谷水帘水,也称为三叠泉。据《煎茶水记》载,三叠泉被陆羽评为第一泉。但此说与《茶经》中的观点有出入,受到欧阳修等人的质疑,但也有人认为陆羽所说的不是直接从山上冲下来的瀑布,而是冲下来后在潭中贮了一段时间的水。

蕲州兰溪石下水。据《煎茶水记》载,陆羽评为第三泉,在湖北省蕲水县东,水出竹箬山,其侧多兰,唐朝置兰溪县,现在的浠水县兰溪口上游3公里左右的溪潭坳河滨峭壁石下即是第三泉。

虾蟆口水。据《煎茶水记》载,陆羽评为第四泉,说"峡州扇子山下有石突然,泄水独清冷,状如龟形",俗称虾蟆口水。虾蟆口水在宋代还享有盛名,欧阳修、范成大、黄庭坚、陆游等人都曾在此流连，并有诗作传世，著名的诗作如欧阳修的《虾蟆碚》，全诗云："石溜吐阴岩，泉声满空谷。能邀弄泉客，系舸留岩腹。阴精分月窟，水味标《茶录》。共约试春芽，枪旗几时绿。"

　　庐山招贤寺下方桥潭水。据《煎茶水记》载，该水也叫招隐泉，陆羽评为第六泉。招隐泉的泉眼在一个石筑小阁中，阁内原有一个螭首，生生不息的泉水出自螭首的石隙之中。邹士驹写过一首《招隐泉》的诗："龙首清泉味无穷，长流清韵此山中，古今招隐何人至，只有苕溪桑苎翁。"

　　洪州西山之西东瀑布水，在江西南昌，据《煎茶水记》载，陆羽评为第八泉。这里也被称为洪崖丹井，为豫章十景之一。明代朱权将其评为第三泉。

　　庐州龙池山岭水。据《煎茶水记》载，陆羽评为第十泉。该泉在安徽合肥，也称为隆池。

　　汉江金州上游中零水，在陕西安康。据《煎茶水记》载，陆羽评为第十三泉。这一泉水在唐宋时较为著名，宋代范仲淹《和章岷从事斗茶歌》云："鼎磨云外有山铜，瓶携江上中冷水。"吟咏的就是汉江斗茶情况。

　　归州玉虚洞下香溪水。据《煎茶水记》载，陆羽评为第十四泉。该泉在归州东十多公里（今湖北秭归），石壁峭空，洞门宏敞，钟乳下滴，即使在三伏天也凉爽如深秋。

　　商州武关西洛水，在陕西商州。据《煎茶水记》载，陆羽评为第十五泉。

　　天台山西南峰千丈瀑布水。天台山是浙江的名山，佛教天台宗的发源地，茶道的源头。千丈瀑布水位于天台城北天台山西南紫凝峰，据《煎茶水记》载，陆羽评为第十七。紫凝峰也产茶，所产为天台茶中的上品。图4-4是枯水期的千丈岩瀑布。

图4-4　天台山西南峰千丈瀑布水

　　柳州圆泉水，应该是指湖南的郴州而不是广西的柳州。该泉在郴州南 7 公里左右，为郴阳八景之一。据《煎茶水记》载，陆羽评为第十八泉。

　　桐庐严陵滩水，在严州府钓台下(今天的浙江桐庐)，泉水甘美，据《煎茶水记》载，陆羽评为第十九泉。严子陵钓台下的富春江水清澈见底，至今仍是优质的水源，见图 4–5。

图 4–5　桐庐严陵滩水

　　金沙泉。金沙泉在顾渚山下，在唐代因"碧泉涌沙，灿若金星"而得名。这里是唐代著名贡茶顾渚紫笋的产地，时人认为："金沙水泡紫笋茶得全功，外地水泡紫笋茶只半功。"用金沙水冲泡紫笋茶，色泽翠绿，兰香味甘，齿颊留爽，口感浓郁。泉旁有西山兰若寺，唐代刘禹锡、白居易、贾餗等人常在此地煮茶唱和。

　　渭水。唐代渭水烹茶也很有名气，白居易诗《萧员外寄新蜀茶》："蜀茶寄到但惊新，渭水煎来始觉珍。"是说蜀茶须用渭水来煎才会格外地好。

　　荆州玉泉，见于李白诗《答族侄僧中孚赠玉泉仙人掌茶》，在序中，李白说："余闻荆州玉泉寺近清溪诸山，山洞往往有乳窟，窟中多玉泉交流。其中有白蝙蝠，大如鸦。按仙经，蝙蝠一名仙鼠，千岁之后，体白如雪，栖则倒悬。盖饮乳水而长生也。"

　　陆羽茶泉，在竟陵西塔寺内，传为陆羽所住过的寺院，大历后不久已荒废，但泉水依旧风味不减。唐人裴迪《西塔寺陆羽茶泉》诗云："竟陵西塔寺，踪迹尚空虚。不独支公住，曾经陆羽居。草堂荒产蛤，茶井冷生鱼。一汲清泠水，高风味有余。"

二、宋代的名泉

　　白云泉，在苏州胥台古郡以西不到 15 公里的天平山中，见图 4–6。宋陈纯臣曾专门写信给范仲淹推荐此泉，说在这里用白云泉煮茶，"可以醉陆羽之心，激卢仝之思，然后知康谷之英，惠山之灵，不足多尚。"认为饮了白云泉之后，连康王谷的水帘水与惠山的泉水都不值得推崇了。

北苑龙凤御泉，在建州的北苑凤凰山，这里山形飞动，两翼张开，山麓有一泉，甘美异常，用来烹茶，味道清新醇和。因这里造龙凤团茶，所以泉也就叫龙凤泉了。这里的泉水每年造茶时可日取百斛，待完工后，泉水也随之枯竭，因此，也被称为"禁泉"。

图4-6　苏州天平山白云泉

浮槎山泉水，在庐州慎县南17公里左右（今安徽合肥），水质上佳，在宋以前却无人称道。宋嘉祐二十年，庐州镇东军留后李端愿登浮槎山，见山上有石池，泉流涓涓，水质甘美，于是让人送了一瓮给在京师的欧阳修，欧阳修尝了之后也赞赏不已，认为比《煎茶水记》中评为第十的龙池山泉水要好，与无锡惠泉水质不相上下。

琼州惠通泉，在琼州东25公里的三山庵（今海南琼山），水味与惠山相近。苏东坡路过琼州时，三山庵的僧人用这里的泉水招待他，并请他为泉水起个名字，苏轼为此泉起名惠通。

西湖参寥泉，在杭州西湖智果院内，出于石缝之间，甘冷宜茶。苏东坡在黄州时，吴中僧参寥子来访。苏东坡在梦中见到参寥子作的两句诗："寒食清明都过了，石泉槐火一时新。"七年之后，苏东坡到杭州做官，寒食时节去访参寥子，汲泉钻火，烹黄蘖茶，想起了七年前作的梦，遂以参寥之名为泉名。

罗浮卓锡泉，在广东博罗县西北25公里罗浮山。传说梁大同年间（535—546），景泰禅师卓锡于此，泉涌而出。所谓卓锡，就是将锡杖插入地面。苏东坡游罗浮山，尝了卓锡泉后，认为此泉水味在清远峡之上，而清远峡水又远胜于江北的水，可见此泉水质之好。

杭州六一泉，在杭州孤山下。苏东坡说："孤山下，有石室。室前有六一泉，白而甘。" 宋元祐六年，惠勤上人在这里建了一处讲堂，并掘了一眼泉水。正在此时，传来欧阳修去世的消息，苏东坡与惠勤上人悲伤不已，于是东坡先生作泉铭，以欧阳修的号为泉的名字，称六一泉。

长沙白鹤泉（图4-7），在湖南长沙。传说曾有两只白鹤在此停留，泉水因此得名。宋代苏东坡在此做官时，常以白鹤泉水烹茶，他认为这泉水虽比不上惠泉，但称为第三泉也不为过。只是当地人不怎么爱喝茶，对白鹤泉也不是很重视，所以虽有苏学士品题，还是被弃之路边，人迹罕至。

金陵八功德泉，在金陵，即今天的江苏南京，宋朝时开始被人们注意，苏辙曾有《八功德泉》诗："君言山上泉，定有何功德？热尽自清凉，苦除即甘滑。颇遭游人病，时取破匏挹。烦恼虽云消，凛然终在臆。"明朝时被朱权评为第二泉。

图4-7　重修以后的白鹤泉

盱眙玻璃泉，在盱眙军，今天的江苏盱眙。南宋杨万里诗《题盱眙军玻璃泉》说："清如淮水未为佳，泉迸淮山好煮茶。熔出玻璃开海眼，更和月露瀹春芽。"认为这里的水质比淮水要好。

翠云山试茗泉，在江西抚州翠云山。宋陆九韶有《试茗泉》诗说："淆之不可浊，凝然如自省"，可见泉水是相当地清澈。

余杭玉泉，在今天的浙江余杭清涟寺中，源于西山，伏流数十里。金末元初的元好问路过此地，写下了一首《玉泉》诗："玉水泓澄古展隅，又新名第不关渠。每因天日流金际，更忆风雷裂石初。百里官壶分韵胜，千人斋粥荐甘余。八功德具休夸好，玩景台荒有破除。"

济南趵突泉（图4-8），北魏郦道元的《水经注》一书中对趵突泉已有记载。

从陆羽开始，人们普遍认为"瀑涌湍漱"的水不宜用来烹茶，而趵突泉正是这样的一眼泉水，所以在很长的一段时间里，人们认为它是天下名泉，却很少用来烹茶。到金、元时期，人们开始用趵突泉水点茶，胡祗遹有一首《趵突泉》诗："积原源深伏洑洄，何年择地擘山开。石根怒激亭亭立，海气寒催流滚滚来。正喜茶瓜湔玉雪，只愁风雨涌云雷。尘缨汗服初公退，野友来临共一杯。"

图 4-8　济南趵突泉

三、明代的名泉

青城山老人村杞泉水，被朱权评为第一泉。在四川青城山，这里与世隔绝，长寿的人很多，在宋代就已很有名。苏东坡认为，此处人长寿的秘密在于水，山溪边上生了很多的枸杞，人们饮了这样的水才会得以长寿。

竹根泉水，被朱权评为第四。自宋以后，人们普遍认为，竹可以提升水的品质，朱权认为竹根泉水可评为第四，或许是出于这个原因。在《茶谱》中，朱权没有说这竹根泉位于何处。明代琼州攀丹村（今天的海南）有竹根泉，为嘉靖时的唐胄所开凿。

京师玉泉，位于北京的玉泉山，明代开始为皇宫用泉水，徐献忠在《水品》中有记载。经过称量，玉泉水在诸多泉水中最轻，被清代乾隆帝评为第一泉。玉泉常年流泉汩汩，晶莹似玉，故此得名。泉水自池底上翻，如沸汤滚腾，称为"玉泉趵突"。

黄山朱砂泉，是温泉，在黄山东峰。《煮泉小品》引《图经》说："黄山旧名黟山。东峰下有朱砂汤泉可点茗，春色微红，此则自然之丹液也。"

偃师甘露泉，在今天的河南偃师。徐献忠在《水品》中说它"莹彻如练，饮之若饴"。

吴兴白云水，在浙江吴兴金盖山，为明代徐献忠所发现，他在《水品》中说：

"吴兴金盖山，故多云气，乙未三月，与沈生子内晓入山观望，四山缭绕如垣，中间田假平衍，环视如在甑中受蒸润也。少焉日出，云气渐散，惟金盖独迟越不易解。予谓气盛必有佳泉水。乃南陟坡陀，见大杨梅树下汩汩有声，清可爱。急移茶具就之，茶不能变其色。"

四明泉，在浙江余姚四明山巅，泉水甘洌。其附近的雪窦上岩水，水质也极佳，徐献忠认为超过了天台山千丈岩瀑布水。

姑苏七宝泉，在今天的苏州，邓尉山东2公里左右。明代文徵明有《七宝泉》诗："何处清泠结静缘，幽栖遥在太湖边。扫苔坐话三生石，破茗亲尝七宝泉。翠竹传声云袅袅，碧天流影玉涓涓。高人去后谁真赏？一漱寒流一慨然。"

怀远白乳泉，在今天的安徽怀远望淮楼附近。泉水的矿物质含量较高，味道甘洌醇厚，用来泡茶尤其可口。明朝袁宏道有《白乳泉》诗："一片青石棱，方长六大字。何人妄刻画，减却飞扬势。泉久淤泥多，叶老枪旗坠。纵有陆龟蒙，亦无茶可试。"由于无人疏浚，白乳泉已渐渐淤积。

苏州宝云井，在苏州横山尧峰院旁的松林中，相传为宝云禅师所开，水味甘寒，最宜泡茶。明朝汪琬有《宝云井》诗："松间涌古泉，上下百尺绠，值此槐火新，客来斗奇茗。"泉在松间，已是奇观，而此泉深度竟达百尺，更是令人称奇。

君山柳毅井（图4-9），在洞庭君山，相传这里是柳毅传书救龙女的地方。柳毅井与洞庭湖近在咫尺，井水却高出湖水许多。明代诗人谭元春曾驾舟15公里往柳毅井取水试茶于岳阳楼，留有"临湖不饮湖，爱汲柳家井；茶照楼上人，君山破湖影"的诗篇。柳毅传书是唐人传奇小说中的故事，柳毅井却直到明朝才被茶人们所重视，大概与明代文人钟爱小说有关。

图4-9　柳毅井

绍兴禊泉，在今天的浙江绍兴，明末时为张岱发现。张岱一次出游，发现一口古井，井栏有"禊泉"二字，书法似晋代书法家王右军。经张岱发现后，禊泉名声大振，绍兴城里一下多了许多禊泉酒家、禊泉茶馆之类。张岱用禊泉水冲泡他创制的兰雪芽，更是相得益彰。后来，禊泉水被附近的和尚所污，水质大不如前。

绍兴阳和泉，在今天的浙江绍兴阳和岭，也是经张岱品题出名的。禊泉水坏以后，有人告诉张岱，阳和岭玉带泉水也很好，张岱跑去品尝后，认为水质不及原来的禊泉空灵，但清冽过之。他认为原来玉带泉名不雅驯，更名为阳和泉。

四、清代的名泉

京师大庖井，位于北京故宫，是清代皇宫的重要水源。黄谏曾经写过《京师泉品》认为玉泉第一，大庖井第二。除了玉泉及大庖井，北京的水以姚家井及东长安门内井，与东厂胡同西口外井的水质为好，皆不苦而甜。每日会有人用车载水送到人家门口，称为送甜水。

济南珍珠泉（图4-10），位于山东济南城内，在宋元以前即已有名。清代王祖《珍珠泉记》云："泉从沙际出，忽聚忽散，忽断忽续，忽急忽缓，日映之，大者如珠，小者为现，皆自底以达于面。"人们一直认为这里的泉水喷涌太盛，正是陆羽所说的不宜烹茶的一类泉水，但可以用来酿酒。清代人普遍认同以水的轻重分高下，珍珠泉略重于北京的玉泉，被乾隆帝评为第三泉。

图4-10　济南珍珠泉

伊逊水，在塞上，今天的河北承德，是围场的母亲河。乾隆帝经过称重，发现伊逊水与玉泉水的重量一样，就认为两者不相上下，应同列为第一泉。

桃花泉，在今天的江苏扬州。桃花泉是盐漕察院内的一口井，康熙年间，《红楼梦》的作者曹雪芹的祖父曹寅任两淮巡盐御史时就住在桃花泉旁，并有《桃花泉》诗留世，在序中他说"此泉味淡于常水"，常以此煮粥烹茶。

茗香泉，在临江，今天的江西樟树，出于桂竹峡，是玉津茶的产地，相传泉水有茶香，用来泡茶，更是远胜其他的泉水。清末刘瑞芬首先品题了这一泉水，并写了一篇《茗香泉记》。

本章小结：

对于泡茶用水的认识包括自然水质与煮水火候两个方面，古人对此作了非常多的论述，但并没有形成非常一致的观点，而且古人的诸多观点从现代自然科学的角度来看存在着很多不正确的地方。因此，对于泡茶择水，除了要从水的品质的角度去理解，更应该从泉水的文化属性去理解。本章的第五节介绍了历代的部分著名泉水，可供各地读者在泡茶时参考。

思考题

1. 陆羽对饮茶用水的基本评价标准是什么？
2. 《煎茶水记》的价值是什么？关于这本书有什么样的争议？
3. 宋代水质评价标准是什么？与陆羽的观点有何不同？
4. 明清时期在水质的认识上有什么新的发展？
5. 现代茶艺中对于煮水火候有什么要求？

第五章

茶境之别

本章内容：分析不同类别、不同时代茶艺的意境。

教学时间：6课时。

教学目的：通过本章的学习，了解不同茶艺的意境的差别，并以此为基础理解不同茶艺的形式。

教学方式：课堂讲述。

教学要求：1.不以茶艺的意境分高下。

2.对不同茶境要有相应的表述方式，文士茶类可用诗词、书画表述，仿古类的可用影视资料表述，而民俗类的可用实情图片表述。

作业布置：总结饮茶的情境与适合的人群；为你的朋友设计一个饮茶的情境；以传统节日为主题，设计一场茶会。

中国人对饮食文化的环境非常讲究，其中尤以茶艺的环境讲究为最。物境是自在的，一般来说不会轻易的因人的意志而转移，如晴雨、高山、瀑布、清泉、竹林、园林等；人境主要是指人及情绪，如伴侣、心情等。因为环境的不同，茶艺被分为不同的类别，或者也可以说，不同的茶艺类别选择了其所需要的环境。对于茶境的选择一直是中国茶艺的重点，欧阳修诗："泉甘器洁天色好，坐中拣择客亦佳。"苏东坡在扬州时在石塔寺试茶，曾写诗云："禅窗丽午景，蜀井出冰雪，坐客皆可人，鼎器手自洁。"苏轼与欧阳修强调的内容其实是一样的：喝茶要有一个好天气；要有解风情、懂风雅的客人；要有洁净的器具；要有甘美的泉水。这四个内容中，泉水往往是受地域环境限制的，其他三者都可以由人来营造。古人称之为"三不点"，即景不佳不点茶、客不佳不点茶、器不洁不点茶。这三者共同构成了茶艺的"境"，可称之为心境、人境、物境。

第一节 茶 侣

说到底，茶艺是人与人之间的交流，而且是一种高水平、高质量的交流，对于交流者的品位及现场的氛围十分讲究。相对于前面的物境来说，人境是高一个层次的环境。人境包括人数、人品和心境三个方面。这三个方面都会对饮茶的情境产生很大的影响。

一、人数

最早对茶艺人数提出明确要求的是陆羽。《茶经》说："夫珍鲜馥烈者，其碗数三；次之者，碗数五。若座客数至五，行三碗；至七，行五碗；若六人以下，不约碗数，但阙一人而已，其隽永补所阙人。"通过陆羽的描述，我们可以发现，陆羽所设计的煮茶器皿，一次只能煮出三至五碗合乎标准的茶。这样看来，唐代人饮茶时人数一般应不会超过六人以上，至少陆羽是这样要求的。明朝的张源在《茶录》一书中提出："饮茶以客少为贵，客众则喧，喧则雅趣乏矣。独啜曰神，二客曰胜，三四曰趣，五六曰泛，七八曰施。"现代的茶人们在古人的基础上提出：独饮得神、对饮得趣、众饮得慧。作为日常生活的一个部分，饮茶活动很难规定具体的人数，而人数的不同，人们所领略到的茶的趣味也不一样。

（一）独饮得神

卢仝收到朋友孟谏议差人送来的新茶非常高兴，于是关上他的柴门，一个人在家里煎茶吃，而且一气吃了七碗，并写下了著名的长诗《走笔谢孟谏议寄新茶》。诗中关于七碗茶的描写又是著名的片段：

"一碗喉吻润，二碗破孤闷。

三碗搜枯肠，惟有文字五千卷。

四碗发轻汗，平生不平事，尽向毛孔散。

五碗肌骨清，六碗通仙灵。

七碗吃不得也，唯觉两腋习习清风生。"

唐代人饮茶基本是大碗茶，那茶碗与武松过景阳冈时喝酒的酒碗差不多大。卢仝用这样的茶碗，这样的喝法，明清人一定会讥之为"牛饮""驴饮"，即使是在人们普遍用大碗喝茶的时代，这样的饮法也是让人侧目的。南北朝时王肃饮茶一饮一斗，被人们嘲之为"漏卮"，"卮"是一种杯形的容器，"漏卮"就是一个漏底的杯子。卢仝没有因为"牛饮""驴饮"被人们嘲笑，他的这首诗反而因为对茶的功效的赞美而被广为传唱，诗也被称为《卢仝茶歌》，直至宋朝还在乐坊间流传。

卢仝是唐代著名的道士，一个在山间隐居的人，但也不能仅看作是一个隐居的修道者，他的交友极为广泛，送他茶叶的孟谏议是一个官僚，他还与当时的宰相王涯关系密切。因此，卢仝的隐居是一种结交权贵的手段，他是一个走在终南捷径上的人。太和九年，榷茶宰相王涯在"甘露之变"中被杀，当时卢仝正住在王涯家中，城门失火，殃及池鱼，卢仝也在这次政变中被杀。

"柴门反关无俗客，纱帽笼头自煎吃"，卢仝是这样描写他收到孟谏议茶后的欣喜与迫不急待的心情的，他的"自煎吃"还因为周围没有可以与他分享的人。小道童肯定会有，但那是帮他煎茶的人，不是陪他喝茶的人。卢仝饮茶所得到的是什么呢？他得到的是一个修道者所期望的境界——"两腋习习清风生"。

苏轼的独饮又是一种境界，宋人笔记里有他一篇妙文：

"东坡与客论食次，取纸一幅，书以示客云：烂蒸同州羊羔，灌以杏酪食之，以匕不以箸，南都麦心面，作槐芽温淘，糁襄邑抹猪，炊共城香粳，荐以蒸子鹅。吴兴庖人斫松江脍，既饱，以庐山康王谷帘泉，烹曾坑斗品茶。少焉，解衣仰卧，使人诵东坡先生'赤壁前、后赋'，亦足以一笑也。"

苏轼的仕途一直不得意，屡遭小人陷害，后被发配到海南，但从上面的引文来看，他饮茶时的心态是开朗的、放达的，正如他在一首词中所说："一蓑烟雨任平生。"东坡先生此时在何处？是在海南还是在黄州？不管在哪里，可以看得出的是他生活得很惬意，虽不能在政坛上张扬他的个性，生活中却是一如既往的个性张扬。餐饭所供的都是南方的美食，吃相也很豪爽，不用筷子而用刀。吃饱以后，用天下第一的谷帘泉烹最好曾坑斗品茶。饮茶之后，解衣而卧，露出他装满不合时宜的肚皮，让人朗诵他的《前赤壁赋》和《后赤壁赋》，其乐何如！只是在这放达背后，是不是也有一些无奈呢！

南宋陆游的饮茶又是一种境况。淳熙十三年，62岁的陆游来到临安，等候皇帝的召见，此时的他已不再有少年时"万里觅封侯"的豪情，他对于朝廷北伐已经不报太大的希望了。他在百无聊赖中写下了著名的《临安春雨初霁》：

"世味年来薄似纱，谁令骑马客京华。

小楼一夜听春雨，深巷明朝卖杏花。

矮纸斜行闲作草，晴窗细乳戏分茶。

素衣莫起风尘叹，犹及清明可到家。"

分茶是宋代的茶艺游戏，通过茶筅的搅动可以在茶汤表面的浮沫上形成花鸟虫鱼的图案，南宋的临安城里有以分茶为职业的。许多饭店也都被称为"分茶酒店"，颇类似今天的茶餐厅。两宋时期，分茶是很流行的休闲活动，蔡襄、宋徽宗、苏舜元、显上人等人都是分茶的高手。铺天宣纸很随意地涂写草书，摆开茶具闲适地调弄着茶汤，这应该是太平盛世的清玩，而当时的南宋却是个偏安一隅的朝廷，是个不思进取的朝廷，朝野上下"只把杭州作汴州"。陆游从茶中品出了什么？是报国无门的寂寞与痛苦。小楼听雨、闲作草书、晴窗分茶都是消磨人生的手段。不如此又能如何呢？他这次来已经感觉到了"世味年来薄似纱"，感到理想实现的遥遥无期，他已经有点后悔来这里，盼着早日回到家乡去。

现代茶人说"独饮得神"，这里的"神"是对于自己内心的观照，是对于世情哲理的感悟。于是闲适的卢仝品味到了闲适，放达的苏轼品味到了放达，寂寞的陆游品味到了寂寞。但三人有一点是共同的，他们都有一颗沉静的心，只有这样的心态才能观照自己的内心。当然独饮还会有其他的感悟，一个初次饮茶者独自体会到茶的滋味时会有一种莫名的欣喜，刚完成一项繁重工作的人独自饮茶时会有一种放松的感觉，在读了一段哲理的文章后，独饮一杯茶可能更易理解"茶禅一味"的理论。"独饮得神"，与茶有关，更与心情、心态有关。图5-1表现的是一种独饮的境界。

图5-1　元·赵原《陆羽烹茶图》

（二）对饮得趣

独饮可以得神，但喜欢独饮的人毕竟不多。一人独处，在安静的心境及环境中会有一些思想所得，但他的这些心得却找不到倾诉的对象，使饮茶者原本就寂寞的心更加寂寞。因此，如果心绪较为郁闷的时候，独饮就会显得有些无趣。

对饮就不一样了，知己对坐，可以品评茶道，可以促膝谈心，可以纵论世道人心。这样的对饮在知己之间是很有吸引力的。图 5-2 表现的是两个高士停琴啜茗。唐代的诗僧皎然与茶圣陆羽是朋友，当陆羽寓居金陵时，皎然住在浙江苕溪，皎然和尚经常去金陵探望陆羽，两个人一起品茶谈诗。古人云："相见亦无事，不来忽忆君。"说的就是这样的朋友吧。古代两个人饮茶时，会产生一些思想的碰撞，但也可能会有一种无言的乐趣，两个朋友到了一起，喝喝茶，写写字，下下棋，听听音乐，就可以消磨掉一段时光，而这样消磨掉的时光往往会让人感觉很充实。

图 5-2　明·陈洪绶《品茶图》两个高士停琴啜茗

对饮首要的问题是知己的难得，退而求其次，找个志趣相投的人也可以。一般来说，知己及志趣相投者不一定是一个等级的人，但一定是品位相同的人。如俞伯牙与钟子期，一个是高官，一个是平民，两人却能成为高山流水的知音，靠的是相似的艺术趣味。

明代的张岱与闵汶水之间的情谊是茶艺中的高山流水。闵汶水是一介平民，张岱则是一位世家公子。张岱听说了闵汶水的茶艺后前去拜访，到了闵汶水所住的桃叶渡，等了许久，闵汶水才归来，张岱一看，原来是一个婆娑老者。才说两句话，老人就借口找拐杖离开了，很久之后才回来，发现张岱还在等他，就问："客人还在这里啊！有什么事吗？"张岱说："我仰慕你的茶艺很久了，今天喝不到你的茶，我是决不会离开的。"老人一听很高兴，于是很快地煮好茶。两人在室内坐下，赏鉴茶具，品味茶韵。张岱对闵汶水所烹的茶赞不绝口，问他："这是什么茶？"老人说："阆苑茶。"张岱再尝了一口，说："不要哄我了！这是阆苑茶的制法，但味道不像。"汶水忍住笑说："那您说是什么地方所产？"张岱又尝了一口，说："怎么那么像是罗岕茶呢？"汶水吐着舌头说："神了，神了！"张岱又问："水是什么水？"汶水说："是惠泉。"张岱说："又哄我了！惠泉从那么远运过来，怎么还像是新汲的一样呢？"汶水说："不敢再哄你了，我在取惠泉水时，先将井淘尽，等到夜里新泉冒上来时，立刻汲取。运水的时候，在瓮底放入山中石头，待顺风时用船运来，这样，就算是普通汲取的惠泉水也要逊它一头呢！"然后，又重新烹了一壶茶给他斟上："您再尝尝这个。"张岱尝了之后，说："如此芳香甘冽，味道浑厚，是春茶吧？刚才烹的是秋茶了。"闵汶水大笑道："我活了七十年，还没见过像您这样精于赏鉴的。"此后，两人成了很好的朋友。闵汶水逝后，张岱在给精于茶道的胡季望的信中感叹道："金陵闵汶水死后，茶之一道绝矣！"

除了知己，夫妇也是饮茶的伴侣。夫妇对饮与知己对饮不同，除了在艺术情趣上的相投，夫妇之间的感情和谐也是很重要的。宋代李清照与其夫赵明诚屏居乡里，两人每日以校勘图书、品评字画、鉴赏古董为乐。经常在饭后闲暇时烹上茶，对着堆积的典籍，说什么事在什么书的哪一页第几行，谁说对了谁就先饮茶。李清照的记忆力很好，经常一说就中。言中者常高兴得举杯大笑，以至于把茶倾覆于怀中，反而喝不到茶了。这是李清照最怀念的一段时光。多年后，她在写《金石录》时，想起了与丈夫琴瑟和谐的这段日子，说："甘心老是乡矣！"李清照与赵明诚是情意相投的夫妻，也是情趣相似的知己。李清照与赵明诚的这段光阴是衣食无忧的，这是他们可以读书、赏鉴、行茶令的重要条件。清代沈复与妻子芸娘的饮茶则完全是寻常人生活中的乐趣。沈复在《浮生六记》中记载：

"夏月荷花初开时，晚含而晓放。芸用小纱囊撮茶叶少许，置花心。明早取出，烹天泉水泡之，香韵尤绝。"

沈复是个生活拮据的寒士，妻子也不是什么大家闺秀。在夏日的晚上，妻子把少许茶叶放到荷花中去窨，第二天早上，再用收集的雨水泡出来。在生活的重压下能如此优雅，需要的是一种淡定的生活态度，需要的是夫妇之间相濡以沫的情谊，当然也需要一些闲情逸致。至于茶叶，倒不一定是什么好茶。

（三）众饮同乐

在晋唐之时，人们认为饮茶是件品味高雅的事，晋代的陆纳把茶当作道德修行的手段，陆羽也说茶"最宜精行俭德之人"，但茶会之类的场面还是要比独饮、对饮的情况更受人们欢迎。独饮与对饮都是寂寞的茶事，许多人聚在一起，热热闹闹的喝茶才是中国人的最爱，这也符合传统的娱乐观念——独乐乐不如众乐乐。从一开始，茶艺就是一种多人娱乐的活动，陆羽在设计茶具时，也是按照多人饮用要求来设计的。明代的张源说多人饮茶有三种情形："趣、泛、施"，现代的茶人则将之总结为"众饮得慧"。

《世说新语》中有一则故事："晋司徒长史王濛好饮茶，人至辄命饮之，士大夫皆患之。每欲往候，必云今日有水厄"。当时茶已经开始在社会上层流行，虽还没有唐宋时的盛况，但也为好多人所喜爱。王濛是喜欢与客人们一起饮茶的，而他的那些客人们虽不太习惯这样的热情，但应该是喜欢这样的气氛的，说是"水厄"，不过是调侃罢了。当时好以"水厄"待客的还有桓温，据《晋书》载，桓温守扬州时，与下属宴会，只有七个菜，还有一些茶果，这可能是有明文记载的最早的茶会了。桓温是东晋的权臣，他的这一嗜好对于茶饮的推广作用是非常大的。

对茶会进行规范的是陆羽和常伯熊，《封氏闻见记》说："楚人陆鸿渐为茶论，说茶之功效，并煎茶炙茶之法，造茶具二十四事，以都统笼贮之。远近倾慕，好事者家藏一副。有常伯熊者，又因鸿渐之论广润色之，于是茶道大行。"陆羽的茶道有着浓厚的修行的味道，虽然他自己说可以如何变通，但对于普通的饮茶人来说，规矩还是太多了。常伯熊的润色一定是使茶道的趣味性增强，更适合大众的口味了。

使"众饮"成为与精行俭德的"独饮"和"对饮"同样地堂皇，佛教起了很大的推动作用。据《封氏闻见记》，唐开元年间，"泰山灵岩寺有降魔师大兴禅教。学禅务于不寐，又不许夕食，皆许其饮茶。人自怀挟，到处煮饮。从此转相仿效，遂成风俗，自邹、齐、沧、棣，渐至京邑城市，多开店铺，煎茶卖之。不问道俗，投钱取饮。"在南北朝时，饮茶在北方并没有形成风俗，而且北方人看到南方人饮茶还会加以嘲笑，这种情况到了唐朝时却因为佛教对饮茶的提倡而得到根本的扭转。唐代的僧人经常举行茶会招饮文人雅士。唐代诗人钱起的《过长孙宅与朗上人茶会》描述了当时茶会的情形：

"偶与息心侣，忘归才子家。玄谈兼藻思，绿茗代榴花。

岸帻看云卷，含毫任景斜。松乔若逢此，不复醉流霞。"

受宗教人士饮茶风格的影响，整个唐代的茶会都充满着清雅幽闲的风味。某年的三月三日，吕温与南阳邹子、高阳许侯等人的茶宴就是这样风味的代表：

"三月三日，上巳禊饮之日也。诸子议以茶酌而代焉。乃拨茶砌，憩庭阴，清风逐人，日色留兴。卧指青霭，坐攀香枝。闲莺近席而未飞，红蕊拂衣而不散。乃命酌香沫、浮素杯，殷凝琥珀之色。不令人醉，微觉清思，虽五云仙浆，无复加也。"

再如钱起《与赵莒茶宴》所咏的茶宴也是这样的风味：

"竹下忘言对紫茶，全胜羽客醉流霞。

尘心洗尽兴难尽，一树蝉声日影斜。"

这样风格的"众饮"到宋元时为之一变，成了一种极具娱乐性的游戏，这种变化起于福建。当时福建生产的蜡面茶、点乳茶以及团茶等，要通过斗茶来判断茶饼质量的高低，因宋元时期福建是贡茶的产地，所以当地斗茶的活动也随之风靡全国，在社会各个阶层中广泛流行。宋徽宗是斗茶中级别最高的高手，在朝会之余，他还常在皇宫里为大臣们点茶，蔡京在《保和殿曲宴记》记载宋徽宗召集了一些大臣去品茶，"至全真阁，上御手注汤，擘出乳花盈面。臣等惶恐前曰：陛下略君臣夷等，为臣下烹调，震惕惶怖，岂敢啜之。上曰：可。"李邦彦在《延福宫曲宴记》也记载宋徽宗召几位大臣到成平殿饮茶，"上命近侍取茶具，亲手注汤击拂。少倾，白乳浮盏面如疏星淡月。顾诸臣曰：'此自烹茶。'饮毕，皆顿首谢。"斗茶活动在宋元时成画家们的题材，南宋的刘松年以及入元的赵孟頫都曾画过斗茶图（图5-3）。在他们的画作中，斗茶者的快乐、专注跃然纸上。

图5-3　元·赵孟頫的《斗茶图》

唐宋时，中国的茶文化传到了日本，日本国内的饮茶方式及热闹的场面与中国一脉相承，而且比中国茶会更热闹、更具有游艺性，他们不仅仅斗茶艺，也斗茶具。热闹的日本茶会到了千利休时期，被改造成为"和、静、清、寂"

的侘茶道，饮茶也由娱乐变成了一种修养。这样风格的日本茶道在丰臣秀吉时期曾有过一次盛会，在京都的野松林下，丰臣秀吉举行了一次历史性的茶会，持续十日之久，煮水的沸声传出很远。

在中国，明朝以后，茶文化由宋元时的浮华转而返朴归真，不再崇尚斗茶、分茶之类的娱乐，但"众饮"的乐趣却丝毫未减。《红楼梦》中妙玉在栊翠庵主持的那场茶会是典型的贵族、文士风格，参与饮茶的诸人在一起品水、品茶、品具。寻常的众饮场面以茶馆为最常见了，这是个众人杂处的地方，来者身份地位往往相差悬殊，常见王子贝勒与贩夫走卒同座饮茶而不以为侮。清代京城里的闲散旗人早晨盥洗之后就来到茶馆喝茶，相互见面也问："喝过茶了吗？"从早晨到下午，茶馆中都是高朋满座，街谈巷议，溜鸟斗虫，完全是一个信息交流的场所，也是一个流言充斥之地。扬州的茶肆也是一派热闹景象，据《扬州画舫录》载，当时城内的明月楼茶肆以淮水泡茶，名声不小，来此饮茶的人往来不绝，人声噪杂，再加上人们提的鸟笼中的鸟鸣，以至于隔座的人说话要以眼代耳。清时某道边茶亭有一对联云："四大皆空，坐片刻无分尔我；两头是路，饮一盏各自东西。"茶意淡然，浅语通禅，可作众饮之乐的注解了。

二、人品

苏轼说的"坐客皆可人"指的是与自己气味相投的人，又说"饮非其人茶有语"，如果茶能说话，会对不适当的茶侣提出抗议的，这样的表述实际是文人的一种道德追求的体现。在文人心中的茶侣往往都是些超然物外的高人，这样的人才算是"可人"。徐渭《煎茶七类》："茶侣，翰卿墨客，缁流羽士，逸老散人，或轩冕之徒超然世味者。"徐渭是明代著名的书画家，在他看来，一起喝茶的人应是人品高洁之士，那些蝇营狗苟的名利之徒是不配一起喝茶的。对这一问题的认识也是有个发展过程的，而且不同阶层、不同身份的人会有不同的认识。

（一）以茶养德

东晋的一些名士对于茶侣是不作选择的，王濛推己及人地以"水厄"待客的做法就是不择茶侣的做法。当时有许多人有着与王濛一样的爱好，推己及人，以茶待客。这与人们的认识有关，在唐以前，人们认为喝茶的人就是品行高洁的人，于是好多名士在多种场合用茶来招待朋友及下属。东晋权臣桓温在守扬州时，"每宴惟下七奠，拌茶果而已"，对此，唐人房乔在《晋书》中的评价是"温性俭"。在我国传统的道德规范中，俭朴总是能给人们留下一个良好的印象，甚至成全这个人的高尚的形象。东晋名士谢安去拜访吴兴太守陆纳，陆纳什么准备也不做，打算以他日常的"茶果"来待客，后来他侄子陆俶拿出事先准备好的酒席来，陆纳很不高兴，待谢安走后，将侄子揍了一顿，他说："汝既不能光益叔父，奈何秽吾素业！"认为侄子的做法影响了他的道德清修。唐代茶艺兴起，人们对水质特别讲究，宰相李德裕饮茶时不用京城的水，而专门设了一个机构为他从惠山运水，称为"水递"，对此，明人屠隆的评价是："奢侈过求，清致可嘉，有损盛德。"据《唐语林》记载，当时就有个和尚对李德裕说他的"水递"有损盛德，李德裕很委屈，说："我不贪财、不好声色、不好饮酒，和尚你现在又不准我喝水，不是虐待我吗？"直到和尚告诉他京城昊天观的井水与惠山泉水一样，李德裕才取消了"水递"。

南北朝时佛教的发展把茶在道德修养中的地位进一步加强了，南齐武帝一次病重时立下遗嘱，要求在他死后，灵前不用牺牲祭祀，只要放些茶果干饼就可以了，而且要求"天下贵贱，咸同此制"。这样的饮茶是一种推己及人的状态，对茶侣的要求不是太高，唐宋以降，只有在"施茶"才可见这种不择对象的饮茶场景，宋朝何梦桂《状元坊施茶疏》就描写了这样的场景："暑中三伏热岂堪，驿路往来，渴时一盏茶，胜似恒河沙布施，况有竟陵老僧解事，更从鸠坑道地分香，不妨运水搬柴，便好煽炉熻盏，大家门发欢喜意，便是结千人万人缘。小比丘无遮碍心，任他吃七碗五碗去。"

茶的价格并不总是很便宜的。民间的食茶很便宜，但士大夫们饮用的很少是这样的食茶。宋朝的欧阳修请蔡襄为他的著作《集古录目序》书丹时，以大小龙团及惠山泉水作润笔，蔡襄非常高兴，以为"太清而不俗"。所谓书丹，就是用朱砂将文字写在碑石上。前面说过，大小龙团是宋代最高级的茶，惠泉水是最高级的烹茶用水，以这两样作为酬劳，欧阳修可算是出手很大方的，蔡襄却说是"太清而不俗"，可见当时，茶已经成为道德清高的一个代表。

（二）知己往来

后来人们认为茶侣应该是学问上的知己。茶艺与其他艺术一样，要遇到知音，至少也要遇到懂得欣赏的人，才能体现出它的魅力。古代哲人曾有名言，"可与言而不言，是失人；不可与言而言之，是失言。宁可失人，不可失言。"春秋时期，俞伯牙与钟子期是莫逆之交，钟子期死后，俞伯牙在他坟前弹奏了最后一曲，将琴摔碎，从此不再弹琴。两者都是感慨知音的难得，而揉合了佛道哲学的茶艺也是一样需要知音的赏识。唐代赵州的从谂禅师在佛堂接见前来问道的人，游学僧甲来访，禅师问："曾来过这里吗？"僧甲答："不曾。"禅师说："吃茶去。"游学僧乙来访，禅师问："曾来过这里吗？"僧乙答："来过。"禅师说："吃茶去。"旁边的院主云里雾里的："为何来过没来过的都吃茶去？"禅师说："你也吃茶去。"有人去拜访从谂禅师，在路上遇见一个和尚才从禅师那里来，就问他："禅师都讲了什么？"和尚一脸不高兴："他哪有什么道理，只会说吃茶去！"禅师的意思是说禅就是寻常的俗世生活，俗世的道理那么多，如何讲得过来？人之资质天壤之别，又如何能讲得明白？古语有云"唯上智与下愚不移"。其实非是不移，是外人难移罢了，一切留待各人自悟。

僧道往往是古代文人喜欢交往的人，是最佳的茶侣。豫章王子尚去八公山拜访昙济和尚，和尚煮了茶招待他，王子尚品味再三，感叹道："这就是甘露啊，怎么说是茶呢！"昙济是南北朝时的高僧，王子尚说的"甘露"，既是赞叹他煮的茶，也是赞叹他精妙的佛理。唐朝的储光羲往山中与僧人闲话，茶饭而归，作了一首《吃茗粥作》：

"当昼暑气盛，鸟雀静不飞。

念君高梧阴，复解山中衣。

数片远云度，总不蔽炎晖。

淹留膳茶粥，共我饭蕨薇。

敝庐既不远，日暮徐徐归。"

晚唐时陆龟蒙隐居于顾渚山下种茶为生，他品性高洁，不喜欢与俗人应酬往来，日常无事的时候，就驾着一只小船，带上茶具、钓具，流连于山水之间。在他的居所，常来喝茶的人都是一些"高僧逸人"。皮日休是陆龟蒙的知己，常期住在苏州，与陆龟蒙诗文酬唱，被后人并称为"皮陆"。两人不仅是文学上的知己，也是茶艺上的知己，陆龟蒙写了《茶中杂咏十首》，让皮日休作和，皮日休于是和了十首，这二十首茶诗被后人称为"诗写的《茶经》"。

（三）饮以群分

鲁迅曾有一联："人生得一知己足矣，斯世当以同怀视之。"知己是难得的，与知己饮茶是最理想不过的，但若是只与知己饮茶，很多人就没得茶喝了。所以，陆羽说："茶之为饮，最宜精行俭德之人。"强调的是品味上的相近。唐代吕温在三月三日与朋友聚会，大家提议以茶代酒，在座的都是当地的才子，趣味相近，自然话也投机，所以茶会的情景也就令人心驰神往："乃命酌香沫，浮素杯，殷凝琥珀之色。不令人醉，微觉清思，虽五云仙浆，无复加也。"

唐代煎茶法对于饮茶者的个人修养较为重视，自然地，文化层次就成为区分茶侣的标准。宋代点茶法的游戏性则打破了这一标准，点茶技艺取而代之。点茶起于建安民间，成为贡茶以后，来于民间的点茶法一下子成为宋朝的时尚了，即使是王公贵族，饮茶时所用的点茶技艺也是学自于民间的，因此，点茶技艺成为人们饮茶时切磋的内容。身份地位虽然还起作用，但已经不像唐朝茶艺中那样重要了。《大观茶论》对北宋时的饮茶有一个描述："荐绅之士，韦布之流，沐浴膏泽，薰陶德化，盛以高雅相从事茗饮。"斗茶时的场景尤其热烈，范仲淹《和章岷从事斗茶歌》是这样描写的："北苑将期献天子，林下雄豪先斗美。"将斗茶人以雄豪称之，可见这些人身份的复杂，也可见他对斗茶人的技艺的推崇。"斗茶味兮轻醍醐，斗茶香兮薄兰芷。其间品第胡能欺，十目视而十手指。胜若登仙不可攀，输同降将无穷耻。"斗茶者的身份虽不一样，但在斗茶时却是一样的投入，如此热烈的场面是唐代不能想象的。

宋代的茶馆特别兴盛，而且按客人的身份及要求不同而自然区分开来。分茶酒店是一种兼营茶酒的快餐式的茶馆，来这里饮茶的人身份各异，但要求是一样的，都是为了快速的解决吃饭问题，店里有提着壶往来点茶的茶博士，但点茶的技艺不会很高。还有一些茶坊已成为某些行业人员聚集的地方，俨然已有欧洲16世纪时才出现的俱乐部的格局。据《梦粱录》记载，南宋时临安城里有年轻人聚在一起学习音乐、口技的"挂牌儿"茶坊；有"茶肆专是五奴打聚处，亦有诸行借工卖伎人会聚，行老谓之市头"；有在楼上"专安妓女"的"花茶坊"；喜欢踢球(宋代叫蹴鞠)的有专门的蹴鞠茶坊；士大夫们聚会则去"大街车儿茶肆"和"蒋检阅茶肆"。不同的人群在这些茶坊里分得清清楚楚，但相互之间也会有交叉，茶客们可以出了"蹴鞠茶坊"再进入"花茶坊"。

第二节 心 情

在茶境中，心境是最重要的。一个人在心情好的时候，看周围的事、物、人也都会有个比较好的印象，心情不好的时候，同样的事物却会产生相反的印象。如秋天来临，消极的人是"逢秋悲寂寥"，积极的人则会认为"秋日胜春朝"，他们看到的是"晴空一鹤排云上，便引诗情到碧霄"。在日常生活中，不可能每次饮茶都有一个好天气，不可能每次饮茶都处于园林山水之中，也不可能每次都是和知心好友一起饮茶。这些时候，要很好地享受一杯茶，需要有相对平和的心情，过分的高兴、悲伤、愤怒，都不是品茶的心境。

一、以茶静心

中国人在开始饮茶时就发现茶有静心宁神的作用。东晋时名将刘琨镇守并州，水土不服，再加上强敌环伺的巨大精神压力，经常让他觉得烦燥，一次得到了安州干茶，煎服之后，觉得非常舒服，在给他的侄子南兖州刺史刘演的信中说："前得安州干茶二斤，姜一斤，桂一斤，皆所须也。吾体中烦闷，恒假真茶，汝可信致之。"这里的"茶"就是茶。刘琨饮茶就是为了静心宁神。这是茶的自然的功效，在南北朝时期，宗教在发展过程中对此加以吸收，饮茶就成为了宗教修行的一种手段。僧人和道士们在日常的修行中，通过饮茶来帮助自己保持心神宁静的、清醒的状态。这样的做法引起了普通人的仿效，大家觉得饮茶是一件脱俗的事，觉得饮茶是可以让人心静下来的。唐朝的刘贞亮说："以茶可以行道"，是更高层次上的"以茶静心"，茶艺活动成为达到"道"的境界的手段，而不仅仅是静心而已。这时候，以茶静心经历了一个微妙的理论上的转变，由茶叶的自然功用转化为宗教的功用。

茶艺的这种类似宗教的作用在日本茶道中表现得非常明显。在日本的平安时代，茶只是贵族的雅事，与唐朝的饮茶从精神到形式都还没有什么大的区别。进入幕府时代后，武士阶层的地位上升，但频繁的战争使得武士们的精神压力很大，普通人的生活也极不安定，早晨起来不知道晚上是不是还活着。这时日本茶道经村田珠光、千利休等人用佛法加以改造，提倡"和、静、清、寂"的茶道四规，给了人们很大的精神安慰，使人们的动荡的心绪得以安宁，茶把好勇斗狠的武士也变成了修行的人。究其源头，南宋时期的佛茶礼，尤其是径山寺的佛茶给了日本茶道以极大的启发。

早在陆羽写《茶经》的时候，他就发现茶在宗教人士之间非常地流行，《茶经》说："茶之为饮，最宜精行俭德之人"，这里的精行俭德之人指的就是修行的人。元稹也曾说过茶"慕诗客，爱僧家"，不论是写诗文，还是悟禅机都需要有安静的心境，因此，这两类人在饮茶的时候，多少都有点以茶静心的意思。明朝的焦竑有一首《茶寮》诗：

"滞绪纷难理，灵芽味自长。

殷勤就君语，一酌得清凉。"

诗人在写文章或是写诗词，感觉思绪纷乱，找不着头绪，这时候是一杯清茶让他觉得神清气爽，思路清晰。明代许次纾的《茶疏》也把"意绪梦乱"看作适合饮茶的时间。在日常生活中，我们也常会有这样的感觉，一觉醒来，昏昏沉沉的时候，一杯清新的绿茶立刻就可以让头脑变得清醒。写文章或是读书进行不下去的时候，泡一杯茶也可以让思路变得清晰。更重要的是在茶艺的氛围中，宁静的气氛可以给人以心理上的安抚，现代人在日趋激烈的竞争中，很需要有一个让心情放松的安静地方，茶馆就成了一个不错的去处。这可能正是目前茶馆业发展迅速的一个原因。

二、心静茶香

茶的味道很丰富，有苦、涩、甘、酸、辛；水的味道很清淡，但也有甘、寒、淡的区别，煮沸的水与未沸的水不同，煮老的水与煮嫩的水不同，这些味道需要静下心来才能品尝得出来。因此，同样的一盏茶，在不同的人品来，味道是不一样的。罗廪《茶解》："茶须徐啜，若一吸而尽，连进数杯，全不辨味，何异佣作。卢仝七碗亦兴到之言，未是实事。山堂夜坐，手烹香茗，至水火相战，俨听松涛，倾泻入瓯，云光缥缈，一段幽趣，故难与俗人言。"说的就是饮茶时的安静的心理状态，"一吸而尽，连进数杯，全不辨味"正是心情浮躁的表现。心静有两层意思，一是情绪平静，一是保持平常心。

南宋陆游闲居临安，壮志难申时，常以茶自娱，"矮纸斜行闲作草，晴窗细乳戏分茶"，看起来颇为悠闲，但他当时的心情却是"世味年来薄似纱，谁令骑马客京华"的落寞，这样的心情大概是很难真正品出茶的清香的。《世说新语》中名士任育长经历了家国的离乱，渡江至石头城，丞相王导等人备了茶迎接他，任育长居然不辨"茶、茗"，看不出是早采的茶还是晚采的茗，见大家一脸诧异，又解释说："我是问这茶是冷是热。"连冷热都分不出来了，可见任育长当时心志的异常，这样的情况下，任育长是喝不出茶的味道来的。陆游与任育长是因家国离乱而心不能平静，张璨则是因个人生活的变化而不知茶味，他有一首非常有名的诗："书画琴棋诗酒花，当年件件不离它。而今七事都变更，柴米油盐酱醋茶。"在他这里，茶已经没有风雅可言，所余的只是日常生活的烦琐。情绪的平静通常来自于事业的顺利，唐代裴度功名显赫时有一首诗《凉风亭睡觉》，诗中裴度功成名就后的安逸悠闲之态宛然可见：

"饱食缓行初睡觉，一瓯新茗侍儿煎。

脱巾斜倚绳床坐，风送水声来耳边。"

平常心是茶艺中最重要的，有平常心才真正能做到心静，才能真正品出茶与茶艺的滋味。叶梦得在《避暑录话》中评价上面裴度的那首诗时说："公为此诗，必自以为得志。然吾山居七年，享此多矣。今岁新茶适佳，夏初作小池，导安乐泉注之，得常熟破山重台白莲植其间，叶已覆大，虽无淙潺之声，然亦澄澈可喜。此晋公（裴度被封为晋公）之所咏，而吾得之，可不为幸乎！"叶梦得是有平常心的人，以山居为安，当他在自己的小池边煮茶时，所感受到的茶味一定与裴度不同。明初，宁王朱权被明成祖排挤出了权力中心，常以茶自娱，"取烹茶之法，末茶之具，崇新改易，自成一家"，与他一同饮茶的人都是些"志绝尘境，栖神物外"的人。他算得上是一个有平常心的贵族了。

静心由修炼得来。这种修炼首先是茶艺上的亲自劳作，许次纾在《茶疏》中说："煎茶烧香，总是清事，不妨躬自执劳。"元代的倪瓒曾用核桃、松子和淀粉做成小块，像个白色的小石子，为客人点茶时就放在茶里，名之为"清泉白石茶"。他还自己窨制莲花茶，夏天，池中莲花开，在早饭前，太阳才出来，挑选池中正要开放的莲花，用手拨开，将茶叶放在花中，再用细麻丝扎起，一夜过来，第二天早上将花摘下，取出茶，用纸包起晒干，这样重复三次，莲花茶就窨好了。前面曾提到清代的沈复也曾与妻子作过这样的雅事，如此麻烦的事情，倪瓒与沈复做得却是非常的耐心而有趣味，没有平和的心态是做不到的，而这过程也是个磨炼心性的过程。其次，读书与艺术也是静心方法，文人茶事总是伴随着其他的文化活动，《茶疏》说适合饮茶的时间有些是修炼后的小憩，如"心手闲适""披咏疲倦"；有些是修炼的过程中，如"听歌拍曲""鼓琴看画""课花责鸟"等，这些都是文人们修身养性的功课。明朝人周应治家住深山，每每于午睡后汲山泉煮茶，然后：

"随意读周易、国风、左氏传、离骚、太史公书，及陶杜诗、韩苏文数篇。从容步山径、抚松竹，与麋犊共偃息。于长林丰草间，坐弄流泉，漱齿濯足。既归竹窗下，则山妻稚子作笋蕨，供麦饭，欣然一饱。弄笔窗间，随大小作数十字。展所藏法贴墨迹画卷纵观之，兴到则吟小诗，再烹苦茗一杯。"

明代政治黑暗，读书与烹茶不过是文人们避世的消遣，周应治的读书、弄泉、麦饭、写字等都是明朝文人喜欢做的修身养性的事情。与僧人的交往是古代文人静心的渠道，从佛教传入中国以来，僧人就是文人的朋友，茶是僧人的日常生活的必需品，又是文人的雅好，三者结合得那么自然，所以元稹说茶"慕诗客，爱僧家"，唐代的怀素曾备下茶与笋招他的朋友小聚："苦笋及茗异常佳，乃可径来。"白居易也常招僧人闲话饮茶，他有一首《招韬光禅师》为我们留下了当时的情致：

"白屋炊香饭，荤膻不入家。

滤泉澄葛粉，洗手摘藤花。

青芥除黄叶，红姜带紫芽。

命师相伴食，斋罢一瓯茶。"

诗人平静的心态全是由简单的生活中来，或者说，是由于心静才能体会出简单生活的趣味。唐代禅林著名的"吃茶去"的公案让许多人着迷，这三个字的真意是什么呢？白居易的这首诗可以算是一种注解了。

第三节 物 境

物境是指茶艺活动所处的客观环境，包括自然界的阴、晴、晨、暮，山、河、林、石，也包括一些人文的如园林、器物等。物境与茶艺活动的氛围直接相关，有好环境，即使是普通的茶也会品出上好的味道来，纷乱的心情也会得到平静，没有好环境，再好的茶，再细心的准备都会让人觉得索然无味。因此，清雅的物境是进入茶艺氛围的必不可少的条件。物境分为自然环境与人文环境两类，朱权在《茶谱》中说的宜于品茶的环境："或会于泉石之间，或处于松竹之下，或对皓月清风，或坐明窗静牖"，四种环境中前三者都是自然环境，最后一个是人文环境，可见自然环境是最理想的饮茶环境。

一、自然环境

古代的茶人对于自然环境进行了各个方面的分析，从时间、风景到气候，自然界的一切都成为了茶艺的组成部分。

（一）时间选择

很多人饮茶夏天多于冬天，对此，陆羽态度鲜明的说："夏兴冬废，非饮也！"认为这样的人不是真正爱茶的人，很明显，这一部分人的饮茶主要是解渴去暑，后来人们也用"饮茶饮湿"来形容这样的一种饮茶状态。唐朝茶道大行的时候，人们饮茶是"穷日尽夜"，但一日之中，最宜饮茶的时间是清晨与半夜。元稹《茶，一言至七言诗》："夜后邀陪明月，晨前命对朝霞。"说的就是当是的文人及僧侣饮茶的情况。早晨饮茶可以使人神清气爽，这一点对于读书人来说尤其重要，有个清醒的早晨，一天都会觉得精神抖擞；喜欢饮夜茶主要是僧人和一些苦读的学子，僧人坐禅，学子夜读，都需要饮茶来提神。

饮夜茶还有另一番滋味，古人将煮水的声音比作"松声"，在白天时，环境的声音较为嘈杂，"松声"听得不是很清晰，夜深人静时就不一样了，"夜寒留客听松声，炼汞熔银茗事成。"有了这"松声"的衬托，夜显得格外的安静，"殷勤人意鹅毛暖，溷沸春风蟹眼生。"煮水时的"溷沸春风"又为这寒夜增添了几许的温暖。"寒夜客来茶当酒，竹炉汤沸火初红"，知己夜谈，饮酒容易使人昏昏欲睡，而且受酒量的限制，酒量不等的人一起饮酒往往不能尽兴，所以饮茶是最佳的选择了。明朝的江南才子文徵明有一首《次夜会茶于家兄处》为我们描绘了文人们深夜品茶谈诗的场景：

"惠泉珍重著《茶经》，出品旗枪自义兴。

寒夜清谈思雪乳，小炉活火煮溪冰。

生涯且复同兄弟，口腹深惭累友朋。

诗兴扰人眠不得，更呼童子起烧灯。"

文人所饮的早茶与今天的吃早茶大不相同，在《李氏小园》一诗中，郑板桥的早茶饮出了出世的味道：

"兄起扫黄叶，弟起烹秋茶。

明星犹在树，烂烂天东霞。

杯用宣德瓷，壶用宜兴砂。

器物非金玉，品洁自生华。

虫游满院凉，露浓败蒂瓜。

秋花发冷艳，点缀枯篱笆。

闭户成羲皇，古意何其赊。"

（二）气候选择

"夜后邀陪明月"是饮夜茶的一个选择，僧人文莹只喜欢在晴夜饮茶，他养了一只鹤，每逢月白风清的时候就坐在竹旁煮上一壶茶，调教他的那只鹤。与文莹相似的是唐代的李约，他养了一只猿猴，给他起名叫"山公"，每当他饮茶赏月弹琴的时候，"山公"就会发出啸声相和。丰子恺曾有一茶画，形象地表现出月夜饮茶的意境，见图5-4。有诗人为这幅画配了一首诗，茶的味道更加浓郁了："没什么／只是月亮等我们／没什么／只是新茶等故人／没什么／只是岁月等春风／山河等古今／没什么／只是藤椅等笑语／茶壶等闲情"。

图5-4　丰子恺的茶画

除了晴空朗月，雨雪天气也是品茶的好时候。唐宋时的团饼茶在饮用前有一个炙茶的过程，茶人用小竹夹夹住茶饼在小火上烤，茶饼发出滋滋的声音，与室外的雪声、雨声相和成趣。清帝乾隆曾作过一首《夜雪烹茶偶作》，但写得不好，没什么诗味，也没什么茶的意境。清代的刘瑞芬有一首《雪后对月煮茶》的诗，把夜茶的风味与雪后的风光写清冷有致：

"闲庭尘迹绝，移榻坐前楹。

偶展新诗本，高歌对月明。

山寒梅影瘦，野霁雪痕清。

旧有荆溪茗，香泉手自烹。"

宋朝初年，陶谷纳太尉党进家姬为妾，一天晚上，陶谷用雪水烹茶，问那个小妾："党家有这样的风味吗？"小妾答道："他是个粗人，哪里懂得这些，他只知道在销金帐里饮羔儿酒。"后来，明朝诗人董纪在《雪煮茶》诗中就用了这个典故：

"梅雪轩中雪煮茶，一时清致更无加。

销金帐底羊羔酒，莫向陶家说党家。"

晴天饮茶受到更多人的喜爱，苏东坡诗"禅窗丽午景"、陆游诗"晴窗细乳戏分茶"等都是选择晴天进行茶艺活动。

（三）风景选择

山水云林是茶艺的首选，在古代茶艺中，僧、道及隐士是最主要的角色，这些人悠游于山水之中，茶具随身携带，遇到可以歇息处就支起茶釜来煮水烹茶。唐代灵一和尚《与元居士青山潭饮茶》就描写了这样的自然风光：

"野泉烟火白云间，坐饮香茶爱此山。

岩下维舟不忍去，青溪流水暮潺潺。"

茂林修竹是适合茶艺的自然环境。在这样的环境里，人可以感受到身心与自然的融合，感受到彻底的宁静。"独坐幽篁里，弹琴复长啸"，王维在竹里馆独坐弹琴的时候，身边一定少不了一碗茶。芭蕉的疏朗也很适合茶艺的气氛，图 5-5《蕉荫煮茶图》即表现了这样的茶艺氛围。

图 5-5　蕉荫煮茶图

野外的茶艺与厅堂的茶艺应该是有区别的，陆羽在设计茶具时就把山水间的茶艺活动考虑了进去。《茶经·九之略》有如下记载：

"其煮器，若松间石上可坐，则具列废。用槁薪、鼎镯之属，则风炉、灰承、炭挝、火夹、交床等废。若瞰泉临涧，则水方、涤方、漉水囊废。若五人以下，茶可末而精者，则罗废。若援藟跻岩，引絙入洞，于山口炙而末之，或纸包，合贮，则碾、拂末等废。既瓢、碗、夹、札、熟盂、盐篮悉以一筥盛之，则都篮废。"

陆羽的茶道夹杂了许多宗教味道，但在这里可以看出，陆羽并不是一个迂腐的修道者，他的茶艺活动是随周围环境的不同而变化的。在图 5-5 中也可以看到这种简省。

唐朝人认为对花啜茶是杀风景的事情，赏花的时候以饮酒为宜，所以后来王安石以《寄茶与平甫》诗中说："金谷看花莫谩煎"。但宋代也有人对此不以为然，名臣晏殊罢相以后，有一次用惠泉水烹日铸茶，同时又备下了酒菜，作了一首诗：

"稽山新茗绿如烟，静挈都篮煮惠泉。

未向人间杀风景，更持醽醁醉花前。"

晏殊在花前饮过茶，再喝点酒来补偿一下，文人的率性与改变流俗的自信兼而有之。

二、人文环境

茶人们认为，茶艺应当远离人间烟火，即使是在人造的环境中也要尽量少一些烟火气，许次纾《茶疏》中提到的茶艺不宜靠近的两个地方就是"阴室"和"厨房"，而茶艺的良友是"纸帐褚衾、竹床石枕、名花琪树"。

（一）静处闲品

寺院是最安静的品茶场所。寺院道观是红尘以外的地方，在这里，人们听着晨钟暮鼓，与僧人闲话，多少俗世烦恼可以得到片刻的忘却，茶里所品到的也就不完全是茶的味道，更有对人生的理解，还有更多的"和、静、清、寂"。宋朝李希逸有一首《烹茶鹤避烟》诗：

"隔竹敲茶白，禅房汲井烹。

山僧吹火急，野鹤避烟行。

入鼎龙团碎，当窗蚓窍鸣。

紫云飞不断，白鸟去边明。

云舍飘犹湿，凤巢远更惊，

通灵数碗后，骑汝访蓬瀛。"

在寂静的山中，隔竹敲击茶白的声音更显得禅房的幽静。"通灵数碗后，骑汝访蓬瀛"用的是卢仝的"七碗茶"的典故。在李希逸的茶诗里，佛道的虚无与茶艺的清静融为一体。

我国最早的茶寮就是僧寮，据钱易《南部新书》所载，唐宣宗大中三年，东都洛阳有一个和尚活了 120 岁，皇帝问他为何如此长寿，他说没什么秘诀，只是每天喝茶百碗，喝得少的时候也有四五十碗。宣宗觉得和尚有些灵异，于是赐了他 50 斤茶，让他住在保寿寺，还把他饮茶的地方命名为"茶寮"。在茶寮喝茶的人大都是僧人和一些文人、官僚，只是再也不会有一天喝茶百碗的人了，不过还有像卢仝一样豪饮七碗茶的人。苏东坡一次去拜访勤上人，一日中饮了七盏浓茶，完了之后就在勤上人茶寮的墙壁上题了一首诗：

> "示病维摩原不病，在家灵运已忘家。
>
> 何须魏帝一丸药，且尽卢仝七碗茶。"

除了寺院道观，书院也是个安静的品茶的地方。苏东坡有一首《试院煎茶》诗是这样写的：

> "蟹眼已过鱼眼生，飕飕欲作松风鸣。
>
> 蒙茸出磨细珠落，眩转绕瓯飞雪轻。
>
> 银瓶泻汤夸第二，未识古人煎水意。
>
> 君不见昔时李生好客手自煎，贵从活火发新泉。
>
> 又不见今时潞公煎茶学西蜀，定州花瓷琢红玉。
>
> 我今贫病长苦饥，分无玉碗捧蛾眉。
>
> 且学公家作茗饮，砖炉石铫行相随。
>
> 不用撑肠拄腹文字五千卷，但愿一瓯常及睡足日高时。"

正是在安静的书院环境下，煮茶的人与喝茶的人才能听清煮水时的"飕飕松风"。

寺院、书院在现代的茶艺中是很难得的，即使是在古代也不是随时随地方便去的，更多的是通过建筑和园艺的设计来营造一个安静的氛围。明朝的徐渭在《煎茶七类》中说饮茶的地方有"凉台静室，明窗曲几"，这是茶艺活动很重要的硬件条件。

对于茶室内部的设计则常带有浓厚的道德修养的味道。明朝人高濂对于茶寮的室内摆设做了非常精到的设计，他主张茶寮要小，最好靠着书房。茶寮内放一只茶灶用来煮水；六个茶盏，如此看来，高濂所招待的客人不会超过五个人；一只茶盘，用来为客人奉茶；两只茶壶，其中一只用来盛熟水，或者用来煮水；一只茶臼，用来碾茶；拂刷净布各一；炭箱一；火钳一；火箸一；火扇一；火斗一只，用来燃烧香饼；茶囊两个。在高濂的设计中可以看出，明代的茶寮是一个很朴素的地方，室内没有多余的装饰品，在文徵明的《陆羽饮茶图》中就可以看到这样的茶室。除了炭箱、火钳等火具已不用外，现代茶寮的室内风格与明朝没有太大的区别。这样的陈设在文人的茶室中经常可见。唐代白居易谪居江州，在庐山上建了一处草堂，常于此读书烹茶，草堂的陈设除了四张木榻，两张屏风，还有一张漆琴。从草堂的结构与功能来说，应与图5-6中草堂类似，它们都是高濂的茶室的前身。

白居易草堂中的琴可能是用来弹的，也可能只是用来营造气氛。东晋时陶渊明的书房中就有一张琴，没有上弦。陶渊明常于酒后抚着这张无弦的琴，音乐在琴外，音乐在心中。音乐在营造茶馆宁静气氛时是必不可少的，一般以丝竹类为主，多弹奏平和的曲调。闲静品茶是文人茶艺的主要特点，乐器自然也应当是文人比较喜欢的乐器。一般来说，古琴与萧更为幽静些，笛与古筝则要明快些。高濂没有提及茶寮内的挂画，但自陆羽《茶经》中说要在茶室中挂画之后，书画作品就是茶室内不可缺少的装饰，只是不像陆羽所说的那样要挂满四壁。日本的茶室有专门悬挂字画的位置，中式茶馆则要根据茶馆的具体布局来确定字画的位置。传统风格的茶馆大都是在门厅的中心位置挂一幅中堂，在中堂的两边挂一副对联，在中堂的上方悬一匾额。如果门厅较大，也可在其正面墙上安置大幅国画，如果门厅里有柱子，可在上面悬挂楹联。楹联往往是营造气氛的点睛之笔，如下的几幅楹联，使人一见即生情趣：

"诗写梅花月；茶煎谷雨春。"

"尘滤一时净；清风两腋生。"

"秋夜凉风夏时雨，石上清泉竹里茶。"

"为爱清香频入座；欣逢知己细谈心。"

"茶亦醉人何必酒；书能香我无须花。"

"松涛烹雪醒诗梦；竹院浮烟荡俗尘。"

图 5-6　文徵明《陆羽饮茶图》

现代气息较浓的茶馆可根据风格不同，来选择国画、书法、水粉画或油画，风格上也以静谧为宜，形式上选用画框较为适合。另外，现代的一些古典风格的茶室内，一般还会摆上文房四宝、书籍和一些瓷器作装饰。前面说过，古人以对花饮茶为杀风景的事，这并不很绝对的，也有很多人对此不以为然，但一般来说，花的香气会影响到茶的香气，因此，在饮茶时如果要赏花，一定是以那些香气淡雅、色彩素净的花为宜。如图5-7这样的茶艺插花是用于室内的。

图5-7　茶艺插花

室外的布置也很重要，大体上，室外的布置与茶室的风格应该一致。比如，茶室是民族风格的仿古建筑，室外可以是假山、芭蕉、松、竹、梅等，如茶室是现代风格的建筑，室外的布置就应显得简洁，有大树、草坪就可以了。当然这两种风格里，前者更显得静谧，更有山林味。园林式的茶馆是明清直至现代最受欢迎的饮茶场所。我国的园林大多数是对自然景观的模仿，在园中叠上重重山石，或者干脆将建筑置于山林之中。

（二）闹处聚饮

寺院饮茶也有热闹的时候，唐朝茶艺的兴盛就与寺院的饮茶风俗有关，《封氏闻见记》载："开元中，泰山灵岩寺有降魔师大兴禅教。学禅务于不寐，又不夕食，皆许其饮茶。人自怀挟，到处煮饮。"人们看到僧人饮茶，于是纷纷仿效，当时泰山上下饮茶的热闹场面应该是很壮观的。在宋朝时，每逢寺院做斋会的时候，人们就会到现场去开茶会，供应前去参加斋会的人，名之为"助缘"。寺院的斋会本就是个热闹的场面，再加上茶会的助兴，气氛也会更加地热闹。

我国自从开始有茶室以后，热闹的茶室、茶楼始终在茶馆中占有大多数。这一些地方成为我国明清时期的信息交换的场所，人们在这里一边饮茶，一边纵论国事民情以及生意往来。在上一节中，曾提到宋代的茶馆已经在热闹中出现了行业聚乐部的雏形。这些热闹的茶馆通常以大厅为主，再配上一些雅间，经营的内容也较为复杂，民国时期，上海规模最大的茶馆阆苑第一楼"洋房三层，四面皆玻璃，上中二层可容千余人，别有邃室数楹，为呼吸烟霞之地"。扬州的冶春茶社现在还非常热闹，每天早晨吃早茶的人把小小的茶社挤得满满的，早茶一直要吃到十点左右客人才渐渐离去，此情景让人对扬州"上午皮包水"的俗语有了深刻的了解。虽然茶馆是个热闹的地方，但在茶馆的设计中，也是要尽力地体现出茶的安静的意境来的，如图 5-8 所示，是扬州冶春茶社的水景，显得朴素、静谧而幽雅，其正面如图 5-9 所示，也是相当朴素安静的。

大茶馆里通常还会有一个舞台，表演一些曲艺节目，如相声、大鼓、评话、弹词、魔术、戏曲等。现代不少茶馆继承了这一优良传统，北京的老舍茶馆就经常有北京传统的曲艺演出，登台者不乏梅葆久这样的名家。清朝及民国时期，许多的茶馆与戏园是合而为一的，一般的有名气的角儿都是在下午和晚上登台表演，而刚学徒的多在早晨表演。在茶馆业复苏后，演艺型茶馆也立刻走到了台前，在许多城市里，这一类茶馆都是传统曲艺的表现平台，但由于现代中国传统曲艺的不景气，这类茶馆要想达到以前的那种盛况却不容易。目前，北京的"老舍茶馆"，上海的"春风得意楼"，成都的"悦来茶园""群仙茶园"等还保留着演艺的传统。现代风格的茶馆在演艺内容上比以前要丰富些，如在茶馆中引入现代的、西方的乐器和乐曲，在表演形式上也经常引入现代的元素，甚至可以将一些电视综艺节目的形式借用过来，当然也不是所有的演艺形式都可以用的，像摇滚乐之类的就不适合。

图 5-8　扬州冶春茶社外的水景

图 5-9　扬州冶春茶社的正门

本章小结：

古人认为构成饮茶的意境有三个主要内容，一起饮茶的伴侣，一个良好的环境，还有洁净合适的茶具。但本章是从人境、心情、物境三个方面来讨论的，其中人境与心情是茶艺意境最重要的内容，物境是一个次要的内容，但对于饮茶者的心情会产生很大的影响，而人境与心情两者的关系也是相互的。

思考题

1. 什么叫茶境？构成茶境的内容有哪些？
2. 茶侣对茶艺的境界有什么影响？
3. 自然环境对茶艺的意境有什么影响？
4. 人文环境中茶艺的闹与静有什么特点？

第六章

分类茶艺

本章内容：介绍不同的茶艺类别，以及具体的茶艺程式。

教学时间：10课时。

教学目的：通过本章的学习，了解不同茶艺的程式，并结合前面几章的内容，掌握茶艺程式的编制方法。

教学方式：实验练习。

教学要求：1. 教师实践演示绿茶、红茶和乌龙茶的常见程式。

2. 学生掌握教师演示的内容，并练习至熟练。

3. 在茶艺演练中，尽量地把前面的知识联系起来。

作业布置：熟练掌握一两种茶艺的程式与演示手法；选择一个情境，设计一套茶艺程式。

20 世纪 70 年代，台湾茶人提出了茶艺的名称之后，现代茶艺开始蓬勃发展起来。开始时，台湾的茶人搞的是以乌龙茶、普洱茶为主的功夫茶茶艺，这一茶艺是在闽粤功夫茶的基础上创建而成的。现代茶艺传入大陆以后，茶艺的类别也迅速地发展，基本上所有的茶类都可以成为茶艺的主角。单纯地以茶类来区别现代茶艺显然不够全面，在文化风格上，现代茶艺还可分为文士茶艺、佛道茶艺、宫廷茶艺、民俗茶艺等，还有一些在操作方法上吸收了日本茶道与韩国茶礼的内容。因此，从内容、风格上来说，现代茶艺正进入茶艺史上一个众彩纷呈的新时期。

第一节　茶艺基础

茶艺的类别虽然比较多，程序、风格也各不相同，但有一些基本构成是相同的，主要有冲泡方法、程序设计与茶席设计三大部分。

一、冲泡方法

根据茶叶的质量、品种的不同，以及不同的茶艺要求，茶叶的冲泡温度可以分为冷泡、低温泡、沸水泡、煮泡四类，茶的冲泡方法也因此可以分为四类。

（一）冷泡法

冷泡法是近些年来出现的，泡茶的水温选择在 0 ~ 15℃之间，这样泡出来的茶香气不如传统的泡茶法，但清凉甘洌，别有一番风味。冷水泡茶的茶叶用量是开水泡茶用量的 3 倍。这样看起来非常浪费，可是要让茶叶在冷水的浸润下也能散发出茶香，这样的用量是必需的。冷泡法虽说用茶量较多，但由于温度低，茶叶也相对耐泡些。所谓冷泡茶，并非全用冷水。取一只容量为 1 升的壶，大约放上 15 克的茶叶，先在壶中注入少量热水，水量以没过茶叶为度，然后盖上壶盖。不久，水被茶叶完全吸收，茶香也散发出来了，再放置一段时间，待茶叶条索放开，将几个大冰块放入壶中，直到盖不上盖子，然后将壶放在阳光充足的地方，等听到壶盖"啪"的一声盖上时，茶也就泡好了。

从上面对冷泡法的描述可以知道，这是一种适合于夏季的泡茶方法，尤其适合在夏季的午后。在等待这一壶凉茶的同时，主客可以闲话，可以对弈，可以切磋一下书画，也可以静静地看一会儿书，甚至可以小寐，夏日午后的悠闲全在这等待中。图 6-1 是正在进行中的冷泡茶，普通的茶壶，随意的场所，茶艺的平民特点尽在这样的一壶茶里。

图6-1　冷泡茶

（二）低温泡

低温泡是指水温在 85℃ 左右的泡茶法，最低的水温只有 75℃ 左右。低温泡法一般适合用来泡细嫩的绿茶。这一类茶叶质地细嫩，如果用高温冲泡会导致茶叶过熟，也会使茶叶的香气迅速散发，变得不耐泡。低温泡法在操作时，根据不同茶叶的特点，又有下投法、中投法和上投法三种冲泡方法。

下投法：泡茶时先将茶叶放入杯中，然后冲入热水。形状较为松散的绿茶比较适合用下投法来冲泡。用这种泡法，是因为茶叶的密度较低，冲入热水后，茶叶会全部浮在水面上。这样在冲茶时，由于水的冲击，有利于茶叶充分的吸收水分与水温。龙井茶就是适合用下投法来冲泡的，茶叶一开始会浮在水面，过 30 秒左右才会沉下去。下投法泡茶时，对冲水的技巧也有讲究，要求沿茶杯的壁冲入，这有利于茶叶在水中的翻滚。下投法泡茶现在多用无花直身玻璃杯，这种茶杯可以让人更好地欣赏茶的芽叶在水中舒展的姿态（图6-2）。

图6-2　下投法冲泡的龙井

中投法：泡茶时先在杯中冲入一半热水，接着放入茶叶，再冲入另一半热水。也可先放入茶叶，再冲入部分茶水进行温润泡，然后再冲入另一半热水。中投法由于有了温润泡这个环节，使得后面茶汤的浸出速度较快，而且不会太烫，很适合在茶话会这样人数较多的场合使用。一般来说，适合下投法泡的茶，大多也适合用中投法。

上投法：泡茶时先在杯中注入足量的热水，然后放入茶叶。这种方法多用来泡紧结、易下沉的茶叶，如碧螺春茶，投入杯中后，茶叶会迅速地沉到杯底。见图6-3。

图6-3 上投法冲泡的碧螺春

这三种泡茶方法的使用还与季节有关，古人认为："投茶有序，毋失其宜……春秋中投，夏上投，冬下投。"这是从泡茶温度的角度出发的。夏季温度高，热水注入杯中后很长时间都不会冷，用上投法可防止茶叶被烫过熟；春秋季温度适中，用中投法，水的温度正合适；冬季环境温度太低，下投法可使茶叶尽快地受热，利于茶味的浸出。在冲泡绿茶时，有的茶叶不能加盖，以免使茶汤产生闷熟味，如龙井、碧螺春等，毛峰等茶叶则可以加盖稍闷一下，帮助茶味的浸出。

（三）沸水泡

对于一些质地较老的茶叶，应该选用高温的沸水，温度在95℃以上。一般来说，中低档的茶叶基本上宜选用这种泡法。在茶艺中，这种泡法是乌龙茶与普洱茶的最主要泡法。在福建的一些地方，将乌龙茶称为"烧茶"，说的就是茶汤的温度很高，喝到嘴时还是比较烫的。沸水泡茶的要点在于保证茶汤的温度，一些具体的做法如下。

温壶：在一般的绿茶茶艺中，温壶是与洁具联系在一起的，但在乌龙茶茶艺里，除了洁具外，温壶还有一个目的，是为了提高壶的温度，有利于茶香的发散。同时，乌龙茶茶艺所用的紫砂壶也比瓷壶、玻璃杯等有着更好的保温效果，温壶之后，将干茶投入壶中，壶的温度马上就会使茶香散发出来。

淋壶：茶叶放入小壶中，冲入沸水，盖上壶盖后，再用沸水慢慢浇淋茶壶，以增加壶内的温度。这是乌龙茶特有的泡法。只有高温才会让乌龙茶的香与味充分地散发出来。

故事里的乌龙茶

有一个关于乌龙茶的故事：说有一个年轻人生活失意，想遁入空门，老和尚让人用温水给他泡了一壶茶来，年轻人喝了一口，说："这是什么茶？什么味道也没有啊！"老和尚又让人把水烧沸，给他重泡了一壶，袅袅清香溢满禅房，年轻人忍不住端起杯，问："这是什么茶？味道真好啊！"老和尚说："两次泡的都是铁观音，茶是一样的，但泡茶的水温不同，茶的滋味也就不同。人生就和这茶一样啊！"年轻人顿悟。

乌龙茶冲泡时有一个洗茶的过程，将沸水冲入壶中，不待茶叶出色就迅速地把茶水倒掉。明朝散茶流行以后，洗茶一度成为人们饮茶的一个必要程序。现在人们在饮用绿茶时很少洗茶了，因为细嫩的绿茶通常只能泡三次，洗茶无疑会使茶的滋味有损失。乌龙茶的洗茶除了可以去掉一部分灰尘，还可以让茶叶吸湿、受热，利于茶味的浸出。普洱茶的洗茶还为了去掉茶叶在陈化过程中产生的一些异味。

乌龙茶冲泡一般用小壶，茶叶用量约为小壶容积的1/3，正式冲泡时，第一泡需要泡45秒，以后每泡增加15秒，如此可以泡4次。但这样泡出来的茶味道较浓，如果不能接受这样的浓汤，可以适当缩短浸泡时间，或是减少茶叶用量。普洱茶冲泡时一般用盖碗，这样方便洗茶。

（四）煮泡

煮茶是中国茶艺历史最悠久的方法，图6-4表现的是唐代的煮茶场景。我国许多地方的民俗茶艺大多数采用煮泡的方法，如蒙古族的奶茶、维吾尔族的奶茶和香茶、藏族的酥油茶、甘肃陇中的罐罐茶、布朗族的青竹茶等都是用煮的方法制作出来的。另外，现代的禅茶茶艺也是采用煮茶的方法。

蒙古族的奶茶是以青砖茶或黑砖茶为原料，煮茶的器皿是铁锅。制作时，先将砖茶打碎，然后将锅中放水2～3千克，烧至沸腾，加入打碎的砖茶25克左右，煮5分钟，再掺入牛奶，用量为水的1/5，稍加搅动，再加入适量的盐。待整锅咸奶茶开始沸腾时，就可以了。煮咸奶茶时投料的次序很重要，如果茶叶放迟了，或者奶与茶的添加次序颠倒了，茶味就会出不来，煮的时间过长，也会失去茶香。

图6-4　唐代的煮茶场景

藏族酥油茶是以紧压茶普洱或金尖为原料。制作时先将茶打碎放在壶中煮20分钟左右，因为藏族的居住海拔很高，水基本上烧不到100℃，所以煮茶的时间比蒙古族咸奶茶要长些。煮好后，滤去茶渣，把茶汤倒入打茶筒中，加入酥油、熟芝麻、花生仁、盐等，抽打均匀。

陇中的罐罐茶是煮泡中比较有特点的。一般是在冬季农闲时，人们围坐在火塘边，一边烤火，一边煮罐罐茶。煮罐罐茶用的是鸡蛋大小的陶瓦茶罐，几只茶盅和一个茶盘，火炉是黄泥土垒成的小火炉。茶叶放入小罐中，加水后放在火炉上反复熬煮，待茶汤浓酽时就可以了。

二、程序设计

茶艺的程序设计是整个茶艺活动中一个很重要的内容，有什么样的茶艺风格，就有什么样的茶艺程序。程序设计时要考虑到诸多因素，如茶艺的类型、主题、季节以及客人的情况等，但这不是说每一次的茶艺都截然不同，而是在基础程序上进行增减。最基本的步骤是：冲泡准备→选择用水→控制水温→放置茶叶→掌控茶水比例。具体的会因茶艺形式的不同而有差异。

（一）绿茶冲泡的基本程序

1. 焚香

将茶具准备好，打开煮水器，在等待水开的时间里，点一支香，插在香炉里。香气可以使人平心静气，营造一种平和的气氛。如果茶会上有插花，要注意香案高于花。一般来说，茶会上的香与花的气味都不宜突出，以平和为好。

2. 候汤

把开水注入壶中，待水温降到 80℃ 左右时用来冲茶。这一过程在龙井茶艺中也称为"玉壶养太和"。

3. 温杯

在杯中注入少量的开水，将干净的玻璃杯烫洗一遍。这样做既是向客人表示茶具的清洁，也避免在正式冲泡时茶杯受热炸裂。

4. 赏茶

将茶叶放置于赏茶荷中，请客人鉴赏。这样既是欣赏干茶叶的形态，也是向客人展示茶叶的质量。

5. 投茶

用茶匙将茶叶从赏茶荷中拨入玻璃杯中，茶叶量为 3 ~ 5 克。

6. 润茶

向杯中注入 1/3 的热水，浸润茶叶。注水时要沿杯壁注入，不要直接冲在茶叶上。

7. 泡茶

手执水壶，以凤凰三点头的动作将茶斟至七分满。

8. 奉茶

将茶杯双手送到客人面前。捧杯时，手不要碰到杯口。人多时，也可以用托盘。

9. 品茶

品茶时要按照先观茶色，再闻茶香，最后品茶味的次序。这一方面是因为刚刚斟上的茶温度太高，不宜立即饮用，另一方面也是表示对茶艺师劳动的欣赏与尊敬。

龙井茶茶艺程序及名称

点香——焚香除妄念

洗杯——冰心去凡尘

凉汤——玉壶养太和

投茶——清宫迎佳人

润茶——甘露润莲心

冲水——凤凰三点头

泡茶——碧玉沉清江

奉茶——观音捧玉瓶

赏茶——春波展旗枪

闻香——慧心悟茶香

品茶——淡中品至味

谢茶——自斟乐无穷

碧螺春茶茶艺程序及名称

点香——焚香通灵

涤器——仙子沐浴

凉水——玉壶含烟

赏茶——碧螺亮相

注水——雨涨秋池

投茶——飞雪沉江

观色——春染碧水

闻香——绿云飘香

品茶——初尝玉液

再品——再啜琼浆

三品——三品醒醐

回味——神游三山

绿杨春茶艺程序及名称

迎宾——呦呦鹿鸣

布具——名物区分

汲泉——高士品水

煮水——蟹眼松风

置茶——茗山负笈

赏茶——杜郎俊赏

温具——鼎器清洁

投茶——明月谁家

润茶——温故如新

冲泡——玉壶冲和

刮沫——欧柳春风

奉茶——素瓷分香

品茶——静品三绝

回味——洗净尘心

谢客——落月瑶琴

（二）乌龙茶冲泡的基本程序

1. 展具

茶艺师落座后，在香炉里燃一枝香，然后开始向客人展示所用的茶具。目前，还有很多人对乌龙茶所用的茶具的名称及用途不是很了解，因此，这一过程对人们享受乌龙茶茶艺是很重要的。

2. 洁具

茶艺师打开煮水器开始煮水，待水沸时，将水冲入泡茶的小壶来温壶，然后再用温壶的水来温杯。一方面，现场清洁茶具表示对客人的尊敬，另一方面，也是为了增加壶的温度。

3. 赏茶

将乌龙茶用茶则取出，盛入赏茶荷中，请客人鉴赏干茶。

4. 投茶

将茶叶用茶匙从赏茶荷中拨入泡茶用的小壶中。

5. 洗茶

将沸水高冲入壶中，然后迅速地将壶中的水倒去。这一程序可以洗去茶叶上的一些灰尘，并预先吸收部分水分，有利于正泡时滋味的散发。

6. 泡茶

用悬壶高冲的手法将沸水冲入壶中，盖上壶盖后，再用沸水慢慢浇淋壶身，以保持壶中较高的温度。

7. 斟茶

第一泡茶泡好后，将茶分斟入杯中。如果来宾较多，可将茶倒入公道杯中，待茶汤量够时，再分入杯中。

8. 奉茶

将斟好的茶用小茶托盛上，双手递给客人。取杯时，应该避免手接触到杯口。

9. 品茶

客人用双手接过茶杯，先欣赏茶汤的色泽，再闻茶的香气，然后再饮茶。

图 6-5 与图 6-6 是两种不同风格的乌龙茶茶艺，前者是流行在广东、福建民间的工夫茶，程序、动作均简洁，朴实无华；后者是由台湾茶人根据传统工夫茶创制的乌龙茶茶艺，比前者多了一套闻香杯，程序上也复杂了好多，具有一定的仪式性。

图 6-5　流行在福建、广东一带的工夫茶　　　　图 6-6　茶艺师将茶汤分入闻香杯

安溪铁观音茶艺程式及名称

神入茶境、展示茶具

烹泉煮水、沐霖瓯杯

观音入宫、悬壶高冲

春风拂面、瓯里酝香

三龙护鼎、行去流水

观音出海、点水流香

敬奉香茗、鉴赏汤色

细闻幽香、品啜甘霖

（资料来源：林治，蔡建明著《铁观音》）

台湾乌龙茶茶艺之三段十八步

丝竹和鸣、恭迎嘉宾

临泉松风、孟臣温暖

精品鉴赏、佳茗入宫

润泽香茗、荷塘飘香

旋律高雅、沐淋瓯杯

茶熟香温、茶海慈航

热汤过桥、杯里观色

幽谷芬芳、听味品趣

品味再三、和敬清寂

（资料来源：范增平著《中华茶艺学》）

（三）红茶冲泡的基本程序

红茶的冲泡与乌龙茶有些相似，但冲泡红茶所用的紫砂壶一般要比冲泡乌龙茶稍大些，程序上也简单许多。我国产红茶的地方不少，不同地区冲泡红茶的手法也会有一些小差异。红茶除了清饮以外，还常用调饮的方法来冲泡，在茶汤中加入糖、奶、冰块等。

1. 备具

茶艺师准备好茶具，打开煮水器煮水。

2. 赏茶

将茶叶拨入赏茶荷中，请客人鉴赏干茶。

3. 置茶

将茶叶由赏茶荷拨入茶壶中。

4. 冲泡

将烧开的水用悬壶高冲的手法冲入茶壶中。

5. 分茶

茶艺师将茶分入杯中，然后用茶盘端送给客人。

6. 品茶

客人双手接过茶杯，先观赏汤色、闻茶香，然后再品茶味。

祁门红茶的冲泡程序及名称

宝光初现

清泉初沸

温热壶盏

王子入宫

悬壶高冲

分杯敬客

喜闻幽香

观赏汤色

品味鲜爽

再赏余韵

三品得趣

收杯谢客

（四）普洱茶冲泡的基本程序

酥油茶中，普洱茶用煮的方法来调制，但冲泡普洱是更常用的饮用方法。

冲泡普洱常用盖碗，用紫砂壶作公道杯。普洱是陈茶，在制作及保存过程中，茶上会有较多灰尘以及异味，盖碗可以方便洗茶，释放出普洱的真味。紫砂壶除了能除茶的异味，还可以聚香含淑，使茶韵味不散。普洱茶的品种不同，茶汤的颜色也不相同，图 6-7 是新普洱茶的茶汤，图 6-8 是熟普洱茶的茶汤。冲泡普洱一般分为十个步骤。

图 6-7　新普洱茶的汤色　　　　　　　图 6-8　熟普洱茶的汤色

1. 赏具

俗称也雀开屏，向客人介绍冲泡普洱用的茶具。

2. 温壶

用烧沸的开水冲洗盖碗、小杯。

3. 置茶

用茶匙将普洱拨入盖碗。如果是紧压普洱茶，要先将茶掰碎。

4. 涤茶

用沸水呈 45°角大水流冲入杯中，略见茶色即将杯中水倒出。好的普洱茶洗一次就可以了，如果普洱茶的异味太浓，需要洗两次。

5. 淋壶

将盖碗中洗茶的水用来淋洗公道壶，以升高壶的温度。

6. 泡茶

用现沸的开水冲入盖碗中泡茶。第一泡 20 ~ 25 秒，第二泡 20 ~ 25 秒，第三泡 30 ~ 35 秒，此三泡所用水温度逐渐下降，但都还在 90℃以上。第四泡至第六泡，将水重新加热到沸腾，泡 35 ~ 45 秒。陈年的普洱茶可以冲泡 10 次以上。

7. 出汤

用盖碗的盖刮去浮沫，将冲泡好的普洱茶汤倒入公道壶中。

8. 沥茶

盖碗中的茶汤以凤凰三点头的动作倒入公道壶中，盖碗中的茶汤要沥尽。

9. 分茶

将公道壶中的茶汤倒入品茗杯中。

10. 敬茶

茶艺师将品茗杯放入茶托或茶盘上，双手捧起，举杯齐眉，敬给客人。

三、茶席设计

茶席是茶艺展示的平台，茶人在这个平台上，以自己对茶的理解，安排茶具及其他的茶艺用品，当然也是安排茶的意境。茶席的安排从茶艺诞生之初就有了，这一点在历代的茶画中可以得到证实，日本茶道在其书院茶时期，茶席设计就得到了相当的重视，茶人能阿弥在其设计的极真台子点茶法中就严格规定了茶具的位置，之后，茶艺的场景也被纳入设计的范畴。中国茶艺中对于茶席的专门研究是现代茶艺产生以后的事了，周文棠先生在《茶道》一书中已经提出了茶案设计的概念，而乔木森先生的《茶席设计》一书则对茶席设计进行了全方位的探讨。静清和先生的《茶席窥养》和王迎新先生的《吃茶一水间》对于中国传统的文人、隐士文化的符号应用比较多。

（一）茶席的类型

从席面的干湿情况来分，茶席有湿泡席和干泡席；依文化内容来分有文士茶席、宫廷茶席、禅茶席、生活茶席；从茶席的风格来看大致有三种类型：古典型、艺术型、民俗型。图6-9表现的是杭州"你我茶燕"的古典型茶席，茶艺师的着装又使其带上了浓厚的民俗的味道。此外，图6-10和图6-11分别反映了民俗型茶席和艺术型茶席的场景。

湿泡席是我国最传统的茶席。现代茶艺最先是台湾茶人在闽粤功夫茶的基础上发展起来的，闽粤民间饮茶就是湿泡席。通常福建人喜欢用方形或长方形的茶盘，广东潮汕地区喜欢用圆形的茶盘。茶壶茶杯就放在茶盘上，泡茶时茶盘上水气淋漓。

干泡席是我国台湾茶人在借鉴日本茶道的基础上发展起来的。顾名思义，干泡席在泡茶时茶台上是干的。由于茶盘、席面干爽，茶人可以设计的空间就要大很多。所以茶席设计主要是针对干泡席展开的，当然湿泡席的一些元素也都可以用在里面。

图6-9 杭州"你我茶燕"的古典型茶席

图6-10 立夏时节的民俗型茶席

图6-11 艺术型茶席

　　古典型茶席都是以古代文化为背景进行设计的，从服装到茶器都透着古典的韵味；艺术型茶席讲究空间与席面的艺术感，茶器、服饰的搭配更讲究艺术创意；民俗型茶席更讲究茶与日常生活的关系，我国地域广大，民族众多，民俗型茶席的素材非常丰富。茶席的风格类型是很难明确区分的，在古典型茶席中当然会有艺术性，当然也不可能没有民俗风格；在艺术型茶席中也不排斥古典与民俗的风格，它们之间只是侧重点不同而已。但这不是说茶席的使用可以很随便，要进一步细分客户的文化需求，如在文士茶艺中就不宜可以用民俗类的茶席；宫廷茶艺中不宜用民俗型的茶席，也不宜用现代风格的艺术型茶席；禅茶席要有禅的幽玄，可以与文士茶席结合，但不宜宫庭的豪侈风格。

（二）茶席的构成

1. 泡茶器

泡茶器包括茶台、敷物、主泡器、公道杯、品茗杯。这一类器具是茶席的基本内容，构成茶席的基本格调。

（1）茶台：茶台是茶席的主要空间，大部分茶器都放在这个平台上。从形式上来说，茶台有高、中、低三个层次。高茶台可容茶师垂足坐，一般高度在60～80厘米之间，宽度在45～60厘米之间，长度在150～200厘米之间，现在很多茶艺师喜欢用大板，高度与宽度差不多，长度会更长一些；中等高度的茶台，茶师一般盘腿坐，或者坐比较矮的凳子或蒲团；再低一些的是地席，茶器铺在地上，当然地面上会铺一层席子或榻榻米。

（2）敷物：敷物是铺在茶台上用来遮挡、保护茶台，并提供茶席底色的物品。材料有布、麻、竹木、宣纸等。具体使用时，敷物可以铺一层，也可以铺两三层，视具体的设计效果而定。敷物以素色为佳，其中青灰色更易搭配茶具。一般不要使色彩艳丽、图案复杂的敷物。如果茶台本身就很美，那么上面就不一定使用敷物。

（3）主泡器：一般用盖碗与紫砂壶，也有很多茶艺师喜欢用横把壶（亦名铫子）。横把壶只能限定一只手使用，以右手壶居多。盖碗与紫砂壶在使用时不分左右手。在主泡器的下面，一般都要放一个壶承，既可以承接泡茶时溢出的水，也起着衬托的作用，使主泡器处于茶席上最显眼的位置。主泡器容量大小根据茶席招待客人多少而定。与主泡器配合使用的还有盖置，用来放杯盖或壶盖。

（4）公道杯：用来均匀茶汤，也称为匀杯。与公道杯配合使用的还有茶滤，但现在很多人在泡乌龙茶时不喜欢用茶滤。

（5）品茗杯：品茗杯的选择要注意与主泡器大小协调。色调以衬托茶汤为佳。一般来说，绿茶适合青瓷，红茶和乌龙茶适合用白瓷。在使用时，一般要为品茗杯配上杯托或杯垫。

2. 助泡器

助泡器是指辅助泡茶流程的一类器具。包括水火器、标准器、贮茶器、清洁具等。

（1）水火器：最方便的煮水器具是随手泡电水壶，但由于材质风格问题，一般在茶席设计上不用。目前大家用的比较多的是电陶炉，设计风格模仿日本风炉的比较多，也有模仿潮汕风炉的。追求复古味道的茶人多喜欢用炭炉，外型上也以日本风炉与潮汕风炉为主。小型贮水罐在茶席设计上也有使用，使用的时候需要设计场地有较大的空间。

（2）标准器：包括量取茶叶的茶则、计时器如沙漏等。目前的茶席设计中，茶则往往兼有赏茶荷的功能。最常见的茶则由臂搁演变而来，材质较多。与茶则配合使用的还有茶针、茶匙等。

（3）贮茶器：主要是各种类型的茶叶罐，也叫茶仓。古人认为茶宜锡，锡茶罐是最适宜的，以马来锡为佳。实际使用时，茶叶罐材质要与茶席风格相协调，形体不宜太大，所贮茶叶以两泡为宜，通常在 20 克左右。

（4）清洁具：包括水盂与茶巾、茶筴。水盂用来承接废水，也称建水、水方，茶会结束时，也用来盛放茶渣。水盂容量不宜太大，色彩也不宜太鲜亮，以免影响茶席的布局平衡。

茶巾是用来清洁席面的，主要功能是保持席面干爽。不宜用来清洁茶具。

茶具烫洗后，一般不用手拿，要用茶筴。这样既卫生又不烫手。

3. 装饰器

装饰器包括花器、席镇、茶宠等。

花器是茶席上插花用的，目前的茶席设计大多是把花器放在席上的，日本茶道中花器是放在一个专门的观赏区。

做地席的时候，为防止敷物卷起，四个角需要用重物压一下，这个重物就是席镇。较大的桌席有时也会用到席镇。

茶宠现在一般用来点明茶席设计的主题。

（三）茶席的背景

总体来说，茶席背景不宜杂乱，光线不宜太亮，要符合茶席主题所设定的文化情境。

室内茶席，席主的位置安排不宜在房间正中，因为中国传统的住房堂屋正中是不坐人的，一般的书房茶室座位也常常不在正中。席主位置的正后方不要挂画，以免挡住宾客赏画的视线。当茶会的场地无法选择与改造时，可以用屏风来重设背景，而屏风上的图案就成为茶席的场景。

室外茶席，席主身后不宜太空，可选择山石、树木或体量合适的建筑作为背景。场景环境要安静清洁，不宜选在香气浓烈的花树丛中；不宜靠近垃圾、厕所、饮食摊等气味杂乱、人来人往的场所。

（四）茶席的布局

茶席上各种茶器在摆放时以方便使用为第一标准。这是茶席设计不同于茶具店里的商业展示的地方。在摆放茶具时，常用的茶具靠茶艺师要近一些，只用一次的茶具放远一点，装饰物在席上不可影响泡茶和饮茶。

长条桌的茶席布局以左右对称最为常见，泡茶的壶、品茗杯放在正中，水盂、煮水壶、花器等平衡放在两边。

方桌茶席与圆桌茶席空间受限，一般只放壶与品茗杯和茶点碟，这种情况下，潮汕茶盘是比较适宜的茶具。煮水壶需要在桌子边上另外找个位置来安放。

一般在服装、茶具及相关背景道具方面都要体现出恰当的时代特征，要尊重各个时候茶文化的特点。茶席风格与茶艺师的着装、环境的选择、装饰品的布置以及茶具的挑选摆放有着很大的关系。根据需要，茶艺师可以穿上一些特殊风格的服装，以表达与茶席相衬的韵味。装饰品及茶食中也带有很多的民俗元素，在茶席中使用得当可以恰当地提示出茶会的气氛。书画作品也是茶席设计中常用的道具，尤其是用来表达文士茶及禅茶的意境，表现力更强。

第二节　文士茶艺

文士茶也称"雅士茶"，表现的是文人饮茶的情趣，这样的情趣往往是以明清及民国为气氛营造的历史背景。这一段历史与我们距离比较近，文化风格也相近，而且，这段时期的茶叶及饮茶方法与今天也没有太大的区别，容易理解，容易接受。现代茶艺中的许多元素都来自于这一段历史。在现代诸多的茶文化著作中所探讨的，其实大部分可归到文士茶的范畴。文人饮茶对人品、茶品、茶具、用水、环境等都很讲究，而所有这些，就构成了文士茶艺的意境。

杭州中国茶叶博物馆的文士茶是现代茶艺中文士茶的一个代表，20世纪90年代初，研究人员根据史料记载，以江西婺源的饮茶习俗为蓝本，以文人雅士的文化趣味及饮茶习惯创制而成，具有恬淡、优雅的精神风貌。

一、备茶

茶品：在《图说中国茶艺》一书中，文士茶艺选用的是花茶，而在许多爱喝茶的高端茶客来看，绿茶更符合他们的口味。当然花茶也有它们的固定的消费者，尤其是在中国北方，饮用花茶是很普遍的。现在乌龙茶、普洱茶在很多地方都流行，文士茶中也可以泡乌龙茶。

水品：自陆羽以后，文人雅士多爱评水，因此，用来煮茶的水也以优质泉水为佳。其他如雨水、雪水、冰水也好。如果好水难得，可用纯净水替代。

二、备具

茶具要与所泡的茶叶相配，泡绿茶和花茶时可以选用清雅的青花瓷盖碗、瓷壶、茶海，泡乌龙茶一般选用紫砂茶具，也可以选用白瓷茶具。茶则、茶匙等可选用竹木材质的。还要准备一块洁白的茶巾。

除茶具外，还要准备一些装饰物，一个花瓶、一个香炉、一张古琴。花瓶中插一枝素净的花，香炉中燃一枝淡雅的香，如果有一个抚琴的人，茶的意境会更加动人。文士茶的乐曲以清幽平和为好，不要大悲大喜的，传统的古琴曲大多是这一类的。墙上还要有一幅字画，内容一般要与茶的意境契合。

三、仪表

茶艺师的服饰以素雅为好，不要着浓妆。根据环境气氛的不同，女茶艺师可以穿罗裙、旗袍，男茶艺师可以穿长衫、也可以穿衬衫，打领带。不管在什么样的季节，都不宜穿太暴露的衣服。服装的色调要与茶具及室内环境的基调协调。不要戴金银首饰，但女茶艺师可以在手腕上戴一个玉镯。

茶艺师的举止大方得体，由于是文士茶，所以最好显得有书卷气。女茶艺师要表现得温婉轻灵，男茶艺师则要在温文尔雅中带一些阳刚之气。

四、环境

文士茶的环境要清雅脱俗，但也要有些烟火气，过于静寂或过于奢华都不是文士茶的气氛。因此，文士茶的环境以园林、书斋等环境为好。时间上也有讲究，晨练之后，赏月之时，或者雨微花润，或者雪映梅红，都是品茶的好时光。如若盛夏午后，暑热炎炎，或者窗外正是暴风骤雨，或者人声鼎沸，都不是文士茶的最佳环境。

图 6-12 是明代文徵明所绘的惠山茶会图，文人茶会的优雅恬淡跃然纸上。好的环境配上好的茶侣，品茶、听琴、赏画、谈艺、论文，这才是文人雅士所追求的茶的意境。

图 6-12　明·文徵明《惠山茶会图》

五、程序

程序包括：布置场地、迎宾、入场、泡茶、奉茶、谢客等。

（一）布置场地

文士茶艺的场地可以在室内，也可以在室外。室内场地首先需要一个可容纳 10 人左右的空间，这个房间最好是有两个门，一个是宾客的入口，一个是通向准备室的门，茶艺师由此进出。室内要有一堂屏风，一张茶艺桌。茶桌多为长方形的，也可用正方形的小八仙桌。桌上放一只小香炉，一瓶小型插花。在室内适合的地方，挂上一幅字画。如果没有弹琴，可以把古琴放在屏风的一侧，如果有人弹琴，可以将琴放在屏风的后面。室外场地的布置中屏风是很重要的装饰，是茶艺的背景，但如果自然背景较好，也可不用屏风。室外有风时，瓶花容易倒，应选择较为敦实的花瓶。由于是开放的空间，香炉就变得可有可无了。图 6-13 是表演型的文士茶的场地布置，文气十足；图 6-14 是在室外进行的文士茶，实用性更强些。

图 6-13 《老舍茶馆》的文士茶表演

图 6-14 室外文士茶场景

（二）迎宾

负责迎宾的一般是茶会的主持人。在茶会上，主持人与主泡茶艺师一般不会是同一个人，但如果程序简单的话，也可由同一个兼任。迎宾者站在茶室的门口，如果是室外场，也可以站在茶桌的边上，在小型的庭园中举行茶会，迎宾者应在庭园的入口处迎接客人。

（三）入场

一般来说，宾客的到来不会是在同一时间，但茶会必需等宾客到齐之后才开，所以宾客入场后，主持人要准备一些话题让客人们打发茶会开始前的时间。在室内，可以让大家品评书画与插花，也可为围棋爱好者备下棋具；在室外，则可以引导大家欣赏风景。待所有宾客到齐后，引导大家入坐，茶艺师出场向大家致意。主持人向大家介绍茶会的背景、茶艺师、茶具、茶叶、茶食等。琴师开始抚琴。

（四）泡茶

茶艺师入场后，首先在洗手盆中象征性的洗手，然后，由副泡茶艺师协助主泡茶艺师将茶案在桌上摆好。室外场中，茶案可以事先摆好。茶案放好后，主泡开始煮水，用煮沸的水来温壶净具，再根据茶的品种要求开始泡茶。

在茶艺师泡茶的同时，主持人将茶点给客人奉上，请大家品尝。此时可以适当介绍一下饮茶以及品尝茶点的一些知识。

（五）奉茶

主泡茶艺师将茶泡好，分入杯中，然后副泡茶艺师将茶用茶盘端送到每一位宾客面前。为示意茶会平等，主泡一般要为自己留下一杯，这也是为初次参加茶会的客人示范品茶的步骤与动作。宾客们接到茶后，按主持人所介绍的品饮要求来欣赏一杯茶的色、香、味，饮完杯中茶后，再欣赏茶具。宾客间可以轻声地相互交流，也可与茶艺师进行交流。

（六）谢客

第一杯饮完之后，通常可以为客人续杯一至两次，因为一般的绿茶与花茶要泡三次左右味才会变淡，而乌龙茶第二泡味道才出来，可以冲泡四次以上。

客人喝完茶后，副泡茶艺师将茶具收回，主副泡茶艺师在主持人的带领下一起向宾客们答谢，然后茶艺师退场，茶具也一同端离茶室。主持人则将客人们送出茶室。如在室外，主持人也可以目送宾客的离开。

第三节 佛道茶艺

在前面的章节中曾提到宗教与茶艺的互动影响，主要是从精神的角度来解说的。宗教与茶艺的关系并非仅停留在精神层面上，还形成了宗教味较为浓厚的佛道茶艺。一开始，茶主要是作为佛道人士的日常生活用品而存在的，渐渐地，发展成为宗教仪式中的重要道具，茶艺也成为宗教活动中的一个重要内容。隋唐以后传到日本的茶道，就是以宗教哲学为理论支撑，南宋时，径山寺的茶宴传到日本，更是成为日本茶道的直接的源头。

现代茶艺中的禅茶与道茶是 20 世纪国内茶文化复兴热潮的产物，其中的禅茶尤其受到现代茶人们的推崇。但是从宗教的角度来说，现代的禅茶表演已经完全成为一种形式，所谓"茶禅一味"的意境已经很难寻觅了。

一、备茶

茶品：寺院周围一般都会种有供佛的茶叶，称为佛茶。如古代的名茶径山茶、蒙顶茶、普陀茶等。这些茶叶在贡佛之余，僧人们也会拿来自用与招待施主。道观的情况与寺院差不多。禅茶或道茶所用的茶叶以自产最佳，用其他的茶叶也可以。

水品：禅茶及道茶用水与前面的文士茶的要求一样。在第四章泉水之味中介绍了多种泉水，其中大部分处于寺院道观周围。这是佛道茶艺相比其他茶艺的有利条件。

二、备具

佛道茶具要体现出宗教的玄思，一般来说，不应使用鲜艳的或是华丽的茶具，所有的器具要表现出一种质朴的美。器具的种类与其他茶艺相似，煮水用炭炉铜壶。有一些是不可缺少的，如香炉、檀香木以及一些法器等。法器的使用不宜多，以免冲淡茶的意境。图 6-15 是现代禅茶表演时所用的主要茶具。

图 6-15　禅茶茶具

（图片来源：《图说中国茶艺》）

三、仪表

现代茶艺中的佛道茶艺大多是由专业的茶艺师来演示操作的，茶会的主持人也很少是宗教界人士，因此，传统禅茶道茶的意境很难体现出来。但在仪表上，茶艺师们还是要尽量地体现那样的气氛的。首先，要准备一套僧侣或道士的衣、帽、鞋，以及念珠、拂尘等；其次，动作要显得庄重，这种庄重不是指动作缓慢，而是来自于内心的虚明澄静和表情的全神贯注，动作不宜夸张，不要过多的装饰性动作；最后，要有一些宗教的手法、举止贯穿于整个过程，如佛教中的手印。《红楼梦》里，妙玉在栊翠庵招待贾母等人喝茶的描写是清代禅茶的一个简化版。图 6-16 是清人汪惕斋所绘，为我们展现了清朝时期禅茶的一个场景。

图 6-16　栊翠庵茶品梅花雪

四、环境

音乐是佛道茶艺气氛渲染的一个重要手段，可以选用一些梵呗、诵经的音乐，也可用现代人创作的表现宗教意境的音乐，另外，一些表达幽静意境的古琴、古筝曲也可用，如《茶禅一味》《云水禅心》等。

场所是佛道茶艺气氛的重要因素。一般来说，在寺院和道观中举行佛道茶会是再理想不过了。寻常的环境也可以举行佛道茶会，但需要作一些场地的设计与布置（图6-17）。场地可以选在竹林、松林、草地这些让人觉得疏朗的地方。如果在林中，可以不用再布置什么，如果是草地或室内的场所，香炉、禅旗一般是少不了的。

图6-17　现代禅茶场景

五、程序

明朝初年，礼部会同拟定佛道二教的仪式，令全国僧道遵行。作为宗教仪式的一个组成部分，佛道茶艺在程序上应该是基本相似的。下面以禅茶为例，介绍佛道茶艺的程序。中国茶叶博物馆研创的禅茶表演分为四个部分：上供、手印、冲泡、奉茶。其实，这样的茶艺称为佛茶更准确一些，因为手印是密宗的修行形式，禅宗是没有的。上供是宗教仪式中极其庄严的过程，在禅茶中，为了突出茶的意境，突出了上供时的焚香礼拜，删去了一些烦琐的佛事程序。

（一）场地布置

一张茶艺桌，上铺黄色台布，桌后一张方凳，后面放一堂屏风，屏风后是茶会的准备间，屏风上悬挂一幅禅旗。

（二）供香手印

茶艺师着僧袍出场，向来宾合掌行礼。落座后，音乐响起，主泡茶艺师开始做手印。在中国茶叶博物馆研创的禅茶中，供香之间要先做三遍手印，然后将檀香木、香粉、香炉端上桌，主泡再做供香手印，撒香粉，见图6-18。

图 6-18 禅茶手印

（三）备具

副泡茶艺师将竹篮、茶海、茶盒、茶巾、茶壶、火炉、净具等用品端上场，交给主泡茶艺师。茶海、茶盘、茶碗等摆在桌上，煮水的火炉与茶壶放在主泡右侧的地上。摆好茶案后，主泡茶艺师洗手，然后再用茶巾擦净茶盘。图6-19是茶艺师在备具。

图6-19　禅茶备具

（四）煮茶

禅茶用的是唐代的煮茶法，但没有唐朝茶艺中碾茶的程序，直接用叶茶。将茶叶用白纱巾包起，用黄丝带扎好，放入铜茶壶中去煮。前面说过，禅茶所用的茶叶多为优质的绿茶，因此，煮的时间不宜长，用前人三沸水的理论来煮茶应该是恰到好处的。在煮茶的时候，茶艺师入定片刻，用沸水涤器，将清洁后的茶盏放入茶盘中。

（五）奉茶

入定片刻后，将煮好的茶分入茶碗中。左副泡端起茶盘，与右副泡一起给来宾敬茶。右副泡奉茶后，双手合十行礼。待茶送到每一位客人面前后，主泡茶艺师双手捧茶碗，向来宾致意、敬茶。

（六）收具谢客

茶会结束时，两位副泡茶艺师出场，收起茶具，然后与主泡一起向来宾合掌行礼，退场。

第四节　宫廷茶艺

茶叶进入宫廷生活是很早的，由于宫廷特殊的地位，宫廷茶艺在一开始就占据了一个制高点，无论是茶具、茶叶，还是茶艺师的技艺都是第一流的。在我国古代，唐、宋、明、清等朝的宫廷里都有着非常完善的茶艺，但随着清朝的灭亡，封建王朝的消失，宫廷茶艺也随之失去生存的土壤。现代茶艺中的宫廷茶艺是对古代宫廷饮茶生活的模仿，尤其是对清代宫廷茶艺的模仿，成了目前宫廷茶艺的主流。与其他茶艺相比，富丽堂皇是宫廷茶艺最主要的特点。

一、备茶

茶品：在所有的茶艺类别中，宫廷茶艺所用的茶品应当是等级最高的。我国历代都有许多贡茶，现在这些贡茶也还是名优茶品，可用来作宫廷茶艺的用茶。

水品：宫廷茶艺的用水也应体现出其特有的气派，清代的宫廷里饮茶用的是北京玉泉山上的泉水，它被乾隆帝评为天下第一泉。现代茶艺中的宫廷茶艺用水与其他的茶艺形式差不多。

二、备具

宫廷茶艺的茶具要有高贵典雅的气派。明代的景泰蓝茶具、成化窑茶具、清代的贡品紫砂具，甚至金银茶具等，在宫廷茶艺中都有应用。在色调上，以明黄为主色调。一些表演型的宫廷茶艺安排了皇帝与大臣两类不同的茶具，皇帝用九龙三才杯（盖碗），大臣用景德镇粉彩描金三才杯。除了盖碗外，还有小茶匙、锡茶罐、精瓷小碗、托盘、炭火炉、陶水壶等。

三、仪表

茶艺师要穿上相关朝代的服饰，如果表演的是清代宫廷茶艺，女茶艺师一定要穿上清代的旗袍，梳着清代宫廷女子的发式，戴着清代宫廷的头饰。走路的姿势当然也要如清宫女子走路的样子。皇家一向都是规矩森严的，所以茶艺师的动作应大方而庄重。

四、环境

宫廷茶艺的环境一般应选在一些王宫贵族的府第中，但这样的环境不常有。其他的环境也可以，要尽量选择一些富丽堂皇的场所。如果是在户外进行这样的活动，可以用红、黄色的材料进行一番装饰。

五、程序

目前的宫廷茶艺种类较多，有唐宫廷茶艺，三清茶茶艺、太子茶茶艺、太后三道茶茶艺等，它们的程序也不太一样。其中的三清茶茶艺是根据乾隆帝《三清茶联句》诗开发出来的，林治先生的《中国茶艺》对其作了详细的介绍，最接近清代宫廷饮茶生活的原型，这里就将其作为宫廷茶艺的代表，根据林治先生在《中国茶艺》中的描述略作改动，介绍如下。

三清茶

弘历

梅花色不妖，佛手香且洁。

松实味芳腴，三品殊清绝。

烹以折脚铛，沃之承筐雪。

火候辨鱼蟹，鼎烟迭生灭。

越瓯泼仙乳，毡庐适禅悦。

五蕴净大半，可悟不可说。

馥馥兜罗递，活活去浆潋。

偓佺遗可餐，林逋赏时别。

懒举赵州案，颇笑玉川谲。

寒宵听行漏，古月看悬玦。

软饱趁几余，敲吟兴无竭。

（一）调茶

由宫女打扮的茶艺师来为客人烹茶。三清茶是以乾隆帝最爱喝的狮峰龙井为主料，佐以梅花、松子仁和佛手。茶艺师将佛手切成细丝，投入细瓷壶中，冲入沸水至 1/3 壶时停 5 分钟，再投入龙井茶，然后冲水至满壶。与此同时，另一位茶艺师用银匙将松子仁、梅花分到各个盖碗中。最后把泡好的佛手、龙井冲入各杯中。

（二）敬茶

茶艺师调好茶后，由太监打扮的服务人员把皇帝专用的九龙杯放入托盘中，以跪姿奉茶给"皇帝"。

（三）赐茶

当"皇帝"接过所奉的香茗之后，自己先饮上一小口，然后宣喻宫女赐茶。宫女再把其他的茶碗奉给"大臣"。

（四）品茶

品饮三清茶主要不是祈求"五福齐享""福寿双全"，而是要从茶的清香中去领悟"清廉"二字。这是三清茶最重要的涵意。

第五节　民俗茶艺

民俗中的茶艺是与前面所讲的文士茶、佛道茶、宫廷茶完全不同的状态。那三种茶艺是现代茶人根据历史文献开发出来的，有着浓郁的复古色彩，民俗茶艺则是民俗的一部分，经茶艺师们整理而成，它有着相当长的历史，目前在特定的社会环境里依然有原生态的存在，而且会在很长的时间里继续存在下去。民俗茶艺以待客为主要目的，因此不仅讲究茶艺的形式，更重视待客过程中的饮食需要，它与所在地的民风民情有很密切的关系，有着各种各样的形式与风格。

一、备茶

茶品：民俗中的茶一般都是比较普通的，很少有高档的茶。不同的地方，人们爱喝的茶不一样，如新疆的奶茶多用茯砖来制作，蒙古的奶茶常以湖北的老青茶为原料，北方很多地方人爱喝花茶，西南地区的人则爱喝普洱茶等。民俗茶艺所用的茶应该与当地的饮茶习惯一致。

水品：普通的饮用水就可以，但也有比较讲究的地方用雨水、泉水、雪水。

二、备具

民俗茶艺的茶具以陶瓷茶具为主，也有的地方用竹木茶具。茶具大多比较粗放而特点鲜明，如北京的大碗茶所用的茶碗、南方擂茶所用的擂钵、藏族酥油茶所用的打茶筒、四川茶楼中的长流壶等。

三、仪表

民俗茶艺中应当着民族服装，举止要符合该民俗茶艺的特点。一些地方的民俗茶艺在进行过程中，会有歌舞相伴，图 6-20 是三道茶前的歌舞表演。在我国南方的许多省流传的"打茶调""敬茶调""献茶调"就是来自于饮茶活动中的歌舞；一些地方在饮茶后则会有一个祈祷祝福的内容，如维吾尔族风俗，饮茶或吃饭以后，由长者做"都瓦"，做"都瓦"时把两只手伸开并在一起，手心朝脸默祷几秒种，然后轻轻从上到下摸一下脸，"都瓦"就完毕了。在此过程中不能东张西望或起立，更不能笑，待主人收拾完茶具与餐具后，客人才能离席，否则就是失礼。在民俗茶艺中大多会有一些礼节性的举动，这是参加民俗茶艺必需了解的。

图 6-20　三道茶前的歌舞表演

四、环境

民俗茶艺的环境也应体现出相应的民俗特点来。如在室内进行，可以选择蒙古包、竹楼、水乡民居这样有鲜明的民族特色的建筑；室外可以随意些，云南基诺族的凉拌茶在田边地头就可以制作了，见图 6-21。如果是表演性质的民俗茶艺，通常都会有民俗元素浓厚的饰品、道具来装点周围的环境，图 6-22 是藏族的酥油茶表演。

图 6-21　云南基诺族的凉拌茶

图 6-22　藏族的酥油茶

五、程序

在民俗茶艺中，白族的三道茶的程序较为完善，有饮也有食，从中可以看出民俗茶艺的鲜明特点。三道茶起源于公元 8 世纪的南诏时期，徐霞客游大理时看见的三道茶是："初清茶，中盐茶次蜜茶"，如今的三道茶在此基础上又有发展，是"一苦、二甜、三回味"。白族散居在我国西南地区，云南大理是其主要的聚居地。白族是一个好客的民族，每逢节日、生辰、婚庆、拜师，或是亲朋往来，都会以三道茶来待客。图6-23是白族三道茶的场景。

图 6-23　白族三道茶

第一道茶，称为"苦茶"，白族语称为"切枯早"，是清苦的意思。蕴含着"要立业，就要先吃苦"的哲理。制作时，先把专用的小土陶罐放在小火上烤热，然后放入茶叶再慢慢地烤到焦黄出香，再冲入沸水煮一会儿就可以了。主人将沸腾的茶水倾入茶盅，用双手捧着敬给客人。苦茶用的茶杯很小，称为牛眼盅，斟茶时只能小半杯。客人用双手接过茶，然后一饮而尽。苦茶色如琥珀，焦香扑鼻，滋味清苦。头道茶喝过之后，客人可随意取食桌上摆放的干果、糖果等。

第二道茶，称为"甜茶"。在客人取食桌上的干果时，主人开始准备甜茶。甜茶仍用小陶罐来煮，但饮茶用的杯子要换成小碗或普通的大茶杯，放入姜片、红糖、蜂蜜、桃仁、乳扇（一种牛奶做的特色食品）、炒熟的芝麻等，冲茶至八分满。甜茶香甜可口，浓淡适中，有"苦尽甘来"之意。饮了第二道茶，客人依旧吃些茶点，等主人烹制第三道茶。

第三道茶，称为"回味茶"，是用蜂蜜加少许花椒、姜、桂皮为作料，还可放入一些炒米、核桃仁，加"苍山雪绿茶"煎制而成。饮第三道茶时，要一边晃动茶盅，使茶汤和佐料均匀混合，一边口中"呼呼"作响，趁热饮下。此道茶有甜、有苦，还带些麻辣味，饮后回味无穷。桂皮性辣，辣在白族中与"亲"谐音，而姜在白语中读"菒"（gǎo），有富贵之意。这第三道茶既表达了宾主之间亲密无比以及主人对客人的祝福，也寓意了人生的五味杂陈。

本章小结：

　　本章介绍了主要的几种茶艺程式。这几种茶艺中，乌龙茶的程式是在闽粤饮茶习俗的基础整理而成的，有一定的仪式性，其他的茶艺多是受了乌龙茶茶艺的影响设计出来的。在表现形式上，有的是安静的文人茶风，也有的是热闹的平民风格，还有的则充满了浓郁的民俗风情。

思考题

　　1. 茶叶的冲泡方法有哪些？应如何操作？

　　2. 为什么乌龙茶宜用高温冲泡？

　　3. 为什么名优绿茶不宜用壶泡？

　　4. 文士茶与其他茶艺在风格上有何不同？

　　5. 掌握一种茶艺的操作程序。

第七章

茶饮宜忌

本章内容： 茶的药用价值与饮用宜忌，以及茶与食物的搭配。

教学时间： 4课时。

教学目的： 通过本章的学习，掌握科学饮茶的知识，了解茶食搭配的一些基本知识。

教学方式： 课堂讲述。

教学要求： 1.从中医的角度分析古人饮茶宜忌的观点。

2.用现代医学的成果来分析茶的药用功能。

3.依据茶的药用功能来分析茶与食物的搭配。

作业布置： 熟记茶的性味特点；根据自己的生活规律，设计饮茶的方式与时机；结合地方的饮食，找出一些合适的茶食。

人们最初发现茶是因为它的药用价值，传说神农氏尝百草，一日遇七十毒，而用来解毒的就是茶。在茶文化发展之初，人们认识茶也是从药用价值开始的，汉末的张楫在《广雅》中说茶"其饮醒酒，令人不眠"，晋代张华在《博物志》中说"饮真茶，使人少眠"。之后，文人们从文化、修养的角度推动了茶文化的发展，医家则从药用功能的角度推动了茶文化的发展。在文人那里，茶的药用功效与文化趣味是合二而一的，陆羽说："苦热渴、凝闷、脑疼、目涩、四肢烦，百节不舒，聊四五啜，与醍醐、甘露抗衡也。"现代，人们从茶里发现了越来越多的治疗作用与有效成分，使得茶饮成为人们时尚的选择。除了茶饮的药用功效外，茶在日常生活中的饮用方法也逐渐受到人们的重视，主要表现在茶与食物的搭配方面。

第一节　茶的功效

茶味甘苦，微寒无毒。从中医的观点来说，寒凉类的药物一般有清热、解毒、泻火、消暑等功效。茶的药用功效基本是以它微寒的药性为中心展开的。现代的茶人们将古代积累下来的资料进行了整理，得出了茶叶的二十四种功效：少睡、安神、明目、清头目、生津止渴、清热、消暑、解毒、消食、醒酒、去肥腻、下气、利水、通便、治痢、祛痰、祛风解表、坚齿、治心痛、疗疮治瘘、疗饥、益气力、延年益寿、其他功效。这二十四功效并不都是从茶"微寒"的药性出发的，因此，茶的医用功效是多方面的。现代医学研究发现，茶叶中最主要的药效成分是茶多酚，它有着非常广泛的保健作用。

一、饮茶长寿

茶神奇的药用价值历来被人们所传颂。传说中的神农氏当时发现的是茶的解毒功能，而到了魏晋时期的宗教传说中，茶已经被上升到可以使人长生不老、羽化登仙的地步了，也就是二十四功效中的益气力和延年益寿的功效。

有关饮茶可以成仙的说法是唐以后逐渐产生的，在唐朝之前，人们对于饮茶成仙的说法是很含糊的。在早期的传说中，茶只是神仙们喜爱的饮料。《搜神记》："晋孝武世，宣城人秦精，常入武昌山中采茗，忽遇一人，身长丈余，遍体皆毛。从山北来。精见之，大怖，自谓必死。毛人径牵其臂，将至山曲，入大丛茗处，放之便去。精因采茗。须臾复来，乃探怀中二十枚橘与精，甘美异常。精甚怪，负茗而归。"这里，茶只是与山中的精灵有关。《广陵耆老传》："晋元帝时有老姥，每旦独提一器茗，往市鬻之，市人竞买。自旦至夕，其器不减。

所得钱散路旁孤贫乞人。人或异之。州法曹縶之狱中，至夜，老姥执所鬻茗器，从狱牖中飞出。"在这个故事里，茶是神仙用来救济百姓的一个手段，也还不是成仙的途径。陶弘景说："茗茶轻身换骨，昔丹丘子、黄山君服之。"轻身换骨是身体健康的一个最理想的状态，是成仙所必备的身体条件。

唐朝以后，茶的保健功能被人们普遍接受，饮茶而成仙的说法也由于道士、和尚的认同而被人们接受，文人们对这种观念的流传起了推波助澜的作用。李白在《仙人掌茶诗》的序中说"此茗清香滑熟，异于他者。"有返老还童的功效，荆州玉泉寺的玉泉真公因经常饮用仙人掌茶，"年八十余岁，颜色如桃李。"在李白看来，仙人掌茶的神奇在于返老还童。唐代的卢仝在《走笔谢孟谏议寄新茶》一诗中用文学的语言描述了饮茶成仙的过程："一碗喉吻润，二碗破孤闷。三碗搜枯肠，惟有文字千卷。四碗发轻汗，平生不平事，尽向毛孔散。五碗肌骨清，六碗通仙灵。七碗吃不得也，唯觉两腋习习清风生。"

此外，关于饮茶保健的说法往往也非常有传奇色彩。唐宣宗大中三年，东都洛阳有一个和尚活了一百二十岁，皇帝向他讨问长寿的秘诀，他说没什么秘诀，只是每天喝茶百碗，喝得少的时候也有四五十碗。关于唐代著名的蒙顶茶，有个神奇的传说，说蒙山附近有一个老和尚身体虚弱怕冷，病了很长时间了。有一天，他遇见一个老丈，老丈告诉他："蒙山的中顶有茶树，你多请些人，在春分前后，听到打雷就赶紧动手采茶，采三天。如果采得一两茶，用当地的水煎了服下，就可以治好你的老毛病了；如果得了二两服下，你就不会再生病了；如果得了三两服下，就可以使你身轻体健；如果得了四两服下，就可以成仙了。"老和尚于是就在蒙山中顶建了房子住下来，春分采茶时得了一两多茶叶，还没有服完病就好了。此后他的容貌一直保持在三十岁左右的样子，眉毛都长成了绿色。这个和尚后来人们很少看到他了，据说是入山求道去了。

人们觉得，神仙是住在山里的，茶也是生长在高山里，又有着神奇的作用，一定和神仙有关，人吃了也可以成仙。神仙虽然吃茶，但吃茶的人却并没有成仙，原因自然是修炼的方法不对。神仙是要清静无为，清心寡欲的。一边醉生梦死，一边吃茶自然是不得法。所以，在饮茶长寿的传说中，饮茶的人往往都是清心寡欲的人。对于饮茶成仙的说法，明代的李时珍认为："陶隐居《杂录》言丹丘子、黄山君服茶轻身换骨，壶公《食忌》言苦茶久食羽化者，皆方士谬言误世者。"

二、益志明目

所谓饮茶益志是说茶对于人的智力的提高、心神的稳定有帮助。人们最早发现的是茶的提神作用。张华说："饮真茶，令人少眠"在介绍茶叶的功效时都说饮茶可以令人不眠。《神农食经》说："茶茗久服，令人有力，悦志。"是说长期饮茶可以使人精力饱满，精神愉快。直到目前为止，人们还在普遍地用茶叶来提神，人们从睡梦中醒来时，会感觉昏沉沉的，这时一杯茶可以使人神清气爽，精神饱满，所以很多人在早晨或是午睡醒来时都喜欢喝一杯茶。《华佗食论》说茶"久食益意思"，所谓"益意思"就是增强智力的意思，那么茶是如何增强智力的呢？晋代任昉《述异记》说得更明确一些："巴东有真香茗，其花白色如蔷薇。煎服，令人不眠，能诵无忘。"在提神的基础上又多了个读书时过目不忘的功能，古人读书主要靠记忆力，博闻还要强识才行，记忆力是智力中极其重要的组成部分，所以"诵无忘"对于读书人来说可是梦寐以求的能力，即使在今天也是如此。一个精力饱满的人、学习顺利的人常常是精神愉快的人。精神愉快了，看世界往往是乐观的，处理人与事的矛盾的方式大多是平和的，或通情达理的，他们多数是既洞明世事，又通达人情的人。

安神明目是益志的另一个内容。看起来，安神与提神似乎有点矛盾，其实，这是一个问题的两个方面。首先是清头目，一个头昏眼花的人不能算是神智清明。唐朝时，人们已经发现茶叶可以治头疼，《膳夫经手录》载："建州大团……唯广陵、山阳两地人好尚之，不知其所以然也。或云疗头痛。"毛文锡《茶谱》也说："建州方山之露芽及紫笋，片大极硬，须汤浸之方可碾，治头痛，江东老人多味之。"又说："鄂州之东山、蒲圻、唐年县。大茗黑色如韭叶。极软，治头疼。"伴随头痛而来的就是眼花，视力变弱，常常头痛好了，眼睛也就好了，茶因此也有明目的功效。房乔《晋书》："单道开，敦煌人也。日服镇守药数丸，大如梧子，药有松蜜姜桂茯苓之气，时复饮茶苏，一二升而已。自云能疗目疾，就疗者颇验。" 我国古代医书中多处提到茶叶的明目作用，但大多数是将治疗眼疾的药用茶汤送下，也有以茶叶入药的。单道开是用镇守药与茶搭配；清人王子接说茶与甘菊搭配可以疗目疾；《沈氏尊生方》中有"蜡茶饮""治目中赤脉：芽茶、白芷、附子各一钱，细辛、防风、羌活，荆芥、川芎各五分，加盐少许，清水煎服。"如果把茶叶当作药来用，效果肯定是比较慢的，但也有些见效很快。《医方大成》中有个见效很快的方子："治气虚头痛，用上春茶末调成膏，置瓦盏内复转，以巴豆四十粒作二次烧烟熏之。晒干，乳细，每服一字。别入好茶末食后煎服，立效。"现在有一些茶艺师在进行台湾乌龙茶茶艺表演时，常会在闻香杯中的茶水倒出后，将闻香杯放到眼睛跟前晃动一下，声称可以明目，这是夸大了茶叶的明目的作用了。现代医学研究认为，茶多酚是一种高效抗氧化剂，对保护眼睛晶状体的正常功能有重要作用。现代生活中多种电器的辐射给人们的视力带来了潜在的危害，茶多酚的卓越的抗氧化作用有助于缓解电子产品对眼睛的伤害。

古人所说的头痛、头风、头晕大多与血压高有关。现代有研究表明，多喝绿茶对容易中风和血管淤塞的人是有好处的，绿茶可使血管保持弹性，消除脉管痉挛，具有防止血管破裂的功能。茶叶中所含的茶多酚、茶多糖、咖啡碱以及一些氨基酸具有明显的降血压的作用，尤其是茶多酚，降压作用比较明显。

三、减肥美容

茶的减肥作用是较早被发现的。陶弘景认为饮茶可以轻身，就是减肥的意思。在古代，汉族大多数人的饮食中肉食的比例偏少，体形瘦的偏多，到了唐朝，又是以丰满为美的，所以茶的减肥作用在一些人看来不一定是什么好事。陈藏器在《本草拾遗》中说："茶久食令人瘦，去人脂。"但大多数人，尤其是医生还是认为这是茶的一个最大的优点。唐代李肇《国史补》有一个关于茶解肥腻的神奇故事："昔有人授舒州牧，李德裕谓之曰：到彼郡日，天柱峰茶可惠三角。其人献之数十斤，不受而还。明年罢郡，用意精求获数角投之。德裕阅而受曰：此茶可以消酒食毒。乃命烹一瓯，沃于肉食，内以银合闭之。诘旦，因视其肉，已化为水。众服其广识。"清代笔记小说《秋灯丛话》有个关于松萝茶去肥腻的故事，相比李德裕的故事要可靠得多："北贾某，贸易江南，善食猪首，兼数人之量。有精于岐黄者见之，问其仆，曰：每餐如是，已十有余年矣。医者曰，病将作，凡药不能治也。俟其归，尾之北上，居为奇货。久之，无恙。复细询前仆，曰：主人食后，必满饮松萝茶数瓯。医爽然曰：此毒唯松萝茶可解，怅然而返。"在以瘦为美的今天，减肥更成为越来越多的人选择茶的原因。肥胖是脂肪细胞增大或脂肪细胞增多的结果。脂肪细胞增大是摄入的能量超过消耗的能量，导致能量以脂肪的形式贮存起来，或是机体代谢障碍导致能量的积蓄。现代医学认为，茶多酚对这两种原因导致的肥胖都有一定的预防和治疗作用。有实验证明，茶多酚可以抑制脂肪的吸收，降低肝脏中的胆固醇的含量。

消食是饮茶减肥的另一个途径，这也是从古至今最没有争议的饮茶的好处。清代朱彝尊说："大抵茶之为物，四时皆不可多饮，多饮令下焦虚冷，不惟酒后也。惟饭饱后一二盏必不可少，盖能消食，及去肥浓煎爆之毒故也。"清代曹庭栋《老老恒言》也说"茶……惟饭后饮之，可解肥浓。"都是说以茶消食。还能抑制机体对糖类的吸收而阻止多余的糖转化为脂肪。在诸多茶叶中，普洱茶的去脂作用非常地引人注目，清代赵学敏《本草纲目拾遗》："普洱茶味苦性刻，解油腻牛羊毒，虚人禁用，苦涩，逐痰下气，乔肠通泄。普洱茶膏黑如漆，醒酒第一，绿色者更佳，消食化痰，清胃生津，功力尤大也。""东莞人以脂麻藷油杂茶叶煮煎而成，去风湿，解除食积，疗饥。""安化茶，出湖南，粗梗大叶，须以水煎，或滚汤冲入壶内，再以火温之，始出味，其色浓黑，味苦中带甘，食之清神和胃。性温味苦微甘，下膈气，消滞，去寒澼。"普洱茶与绿茶的性味不一样，绿茶是寒凉的，而普洱性温，但是由于它去油解腻消食的功效太强烈了，体虚的人还是不适合饮用。在明清时期，普洱茶作为贡茶在京城的王公贵胄中有很大的影响，尤其是清朝，八旗子弟们每日饭罢，必饮一大杯普洱茶以解肥腻。

皮肤是美容的重要内容，在生活中，皮肤遭受着灰尘、辐射、微生物等来自外界的侵扰，又要经受来自身体内部的有害物质的损害，因而成为人体最容易苍老的部分。茶多酚中含有大量的亲水基团，很易吸收空气中的水分，具有保湿作用，可以缓解皮肤的干燥、粗糙和皱纹；茶多酚可以阻挡紫外线对皮肤的侵害，清除紫外线诱导产生的自由基，抑制黑色素细胞的异常活动，防止皮肤的脂质氧化，减轻皮肤的色素沉着。另外，茶多酚还可以防治皮肤炎症与过敏，尤其是年轻人经常容易出现的粉刺与痤疮。这样看来，李白在《仙人掌茶诗》中的玉泉真公因为常饮茶"年八十余，面色如桃李"的说法还是很有可能的。

茶传到西域地区后，人们逐渐发现，用茶渣喂马，可以使马的毛色油亮，其实，对于人也是一样的有效。茶多酚对于部分肾脏疾患有一定的防治作用，中医认为"肾藏精，其华在发"，因此，茶对头发也是有一定的保护作用的。在保护发质方面，原理与茶多酚对皮肤的保护相仿。防止脱发是茶的另一个美发功效。脱发的原因是 $5-\alpha$ 还原酶活性增强导致皮脂分泌增加，引起毛囊口角化过度，影响毛囊营养，使毛囊逐渐萎缩毁坏。茶多酚是 $5-\alpha$ 还原酶的有效抑制剂，因此对防治脱发有一定的作用。同时，由于抑制了皮脂的分泌，以及茶的杀菌作用，对于头屑、头痒也有较好的疗效。

四、解渴清热

解渴是茶作为饮料最原始的功效。古人论饮茶时有一种说法，一杯为品，二杯为饮，三杯就是解渴了，还把饮茶解渴称为"饮茶饮湿"。但不管如何说，解渴都是茶的一个最重要的功效。古代关于饮茶解渴的典故有不少。汉代的司马相如饮茶是出于疾病，据载，司马相如有消渴的病，是糖尿病的一种，生这种病的人很容易口渴，由此估计，司马相如饮茶的量一定是不少的；唐代的卢仝饮茶一饮七碗，当时的茶碗与现在的小饭碗大小差不多，七碗应是个很大的量了；唐代东都洛阳的那个活了 120 岁的和尚，据说每天能喝 50 ~ 100 碗茶，即使把他的茶碗换成今天的酒碗大小也很可观，喝这么多茶，不是因为口渴，真的很难想像。当然这两个故事中还有很大的文学的夸张成分。

清热解毒是茶的一项重要功效。中医认为茶叶可以清热降火，可以除胃热，而且是"清热不伤阴"。古人饮茶都是热饮，一碗茶下肚会感觉热乎乎的，如果正好是夏天，一定会喝得大汗淋漓的，身体中的热量也就随着汗水被带出了体外。在闷热的夏天，还有什么比出一身透汗更能去暑呢！

一个非常口渴的人往往会端起杯子来将茶一饮而尽，这样喝茶很难起到解渴清热的作用。以前有一个故事：说有一行人在烈日下奔走了一天，又热又渴，看见路边有一户人家，就去讨水喝。女主人为他们烧了一锅热茶，端了上来，在客人们端起碗来要喝的时候，她突然在茶碗上撒了一些麸皮，客人们很生气，她解释说："大家现在是热渴难耐，端起茶来肯定是一口气饮下，很容易被烫伤，也起不到解渴的作用，撒一些麸皮是让大家边吹边喝，这样不会被烫到，由于喝得慢，也就可以起到解渴的作用了。"

五、饮茶健齿

茶叶中含有较多的氟，这是牙齿釉质的重要成分，因此经常饮茶有利于保护牙齿。古人是凭经验知道茶的坚齿作用的。人饮食之后，齿间留有食物残渣，在细菌的作用下发生腐败，产生难闻的气味，还有酸性物质，会对牙齿表面的釉质造成损害。古人理解的茶的健齿功效缘于解腻功效。苏东坡说："凡肉之在齿间者，得茶浸漱之，乃消缩不觉脱去，不烦挑刺也。而齿便漱濯，缘此渐坚密，蠹病自已。"苏轼在论饮茶的利弊时，曾提出一个折中的方法，饭后用茶漱口，当然用的是中下等的茶。《红楼梦》中描写林黛玉进贾府吃的第一顿饭，吃完饭后，仆人们端了茶上来，林黛玉心中疑惑，因为这与她父亲的教导不同——林如海教给黛玉的养生之道是，吃过饭务待米粒咽尽，才可以喝茶。黛玉留心看贾府的人是怎么做的，发现这杯茶是给大家漱口的，然后再上来的一杯才是喝的。现在，不少人饭后立刻饮茶，虽然可以起到解腻健齿的作用，却对消化有不好的影响，林如海的饮茶养生之道还是值得借鉴的。

六、其他功效

茶可以治痢。苏轼有一治腹痢的方子："治痢腹痛，用生姜，切如粟米大，杂茶相对烹，并食之，实有奇效。又用豆蔻剖作瓮子，入通明乳香少许，复以塞之。不尽，即用和曲少许，裹豆蔻煨熟，焦黄为度。三物皆研末，仍以茶末对烹之，比前方益奇。"看来这是苏轼自己用的药方。

茶可以疗饥。早期的茶是羹饮结合的，直到现在还有这样的饮法，如奶茶、三道茶、酥油茶等。汉族人将茶当作充饥的食物一般是在荒年，《救荒本草》："救饥，将嫩叶或冬生叶可煮作羹食。"《野菜博录》中有详细的做法："叶可食，烹去苦味二三次，淘净，油盐姜醋调食。"这样的吃法大概是山中的隐士所创。

茶可以治疮瘘。茶叶对各种疮瘘有良好的疗效，这与茶叶清热解毒的功效有关。使用时，以外敷为主。

第二节　茶的禁忌

茶饮流行之初，许多人沉迷于茶，穷日竟夜，饮茶的量也很大，前面说过的卢仝就是一饮七碗，这样频繁的、大量的饮茶带来了一些身体上的病痛。据李肇《唐国史补》记载，茶饮流行时，"故老言，五十年前多患热黄，坊曲必有大署其门以治黄为业者。灞浐水中常有昼至暮去者，谓之浸黄。近代悉无，而患腰脚者众耳，疑为茶为之也。"李肇怀疑，茶的流行使热黄病症减少了，但是使腰脚病人增加了。这些病痛真是由茶引起的吗？怎样饮茶才是比较科学的呢？

一、忌饮茶过度

茶的功效被传得很神奇，但过度饮茶的危害也一样很神奇。《搜神后记》中有一则故事："桓宣武时，有一督将，因时行病后虚热，更能饮复茗，必一斛二斗乃饱，才减升合，便以为不足，非复一日。家贫，后有客造之，正遇其饮复茗，亦先闻世有此病，仍令更进五升，乃大吐，有一物出如升，大有口，形质缩绽，状如牛肚。客乃令置之于盆中，以一斛二斗之复茗浇之，此物吸之都尽而止，觉小胀，又加五升，便悉混然从口中涌出。既吐此物，其病遂瘥。或问之此何病，答云：此病名斛二瘕。"这个病后来也被称为"茗瘕"，完全由过度饮茶引起的，虽然有些虚诞，也能看出，早在南北朝时期，人们就已经知道过度饮茶的危害了。这个故事被清朝的李汝珍移植到了《镜花缘》一书中，而且患者更多了消瘦与食欲减退的症状。

饮茶过度会造成肾气的虚弱，中医认为，茶入肾经，而肾为人的先天之本，以温为佳，寒凉的茶入肾经必然会带来诸多后果。唐朝时民间认为茶的害处主要是在肾脏与消化道，唐人王敷有一篇幽默的《茶酒论》，写茶与酒互相攻击对方的弱点，其中酒说茶："茶吃只是腰疼，多吃令人患肚。一日打却十杯，肠胀又同衙鼓。"因此，肾及脾胃虚弱的人是不宜饮茶的。前面曾提及一些饮茶过量的例子，如卢仝的七碗茶，对此，清代曹庭栋在《老老恒言》说："茶能解渴，亦能致渴，荡涤精液故耳。卢仝七碗，乃愈饮愈渴，非茶量佳也。"由此来看，卢仝七碗，不是文学的夸张，就是病态了。现在人们在饮茶时也会有这样的感觉，当人们喝茶过量时，还是会感觉口渴。过量饮茶的后果很严重，可能会造成身体的水中毒，造成脾胃不和，食欲减退。清代朱彝尊说："大抵茶之为物，四时皆不可多饮，多饮令下焦虚冷，不惟酒后也。"清人魏之琇在《续名医类案》中记载了一个饮茶过度的病例："一人饮茶过度，且多愤懑，腹中常漉漉有声，秋来寒热似疟。以十枣汤料，黑豆煮，晒干研末，枣肉和丸芥子大，以枣汤下之。初服五分不动，又服五分。无何腹痛甚，以大枣汤饮，大便五六行时，盖日晡也。夜手足厥冷，绝而复苏，举家号泣，咸咎药峻。"魏之琇给病人开的方子很厉害，俨然是将其作为大病来治了。对于这些饮茶后果，古人总结为四个字"瘠气侵精"，"瘠气"即是食欲减退的后果，"侵精"即是指肾气受损了。

二、忌饮冷茶

茶的禁忌主要与其寒凉的特性有关。寒能损阳，因此，人们提出茶宜热饮。对茶汤滋味的要求是热饮的最直接的基础。陆羽认为，如果茶冷下来，"则精英随气而竭"，茶的精华也会随着热气跑光的。在中国茶艺中，热饮是最基本的方式，现代南方的乌龙茶更是有喝"烧茶"的说法。所谓烧茶，是将茶用接近100℃的沸水来冲泡，不仅如此，为了保持泡茶时的温度，还要在茶壶的外面用沸水冲淋，也就是上一章乌龙茶茶艺中的淋壶增温这一环节。绿茶冲泡与饮用的温度稍低些，但也是以热饮为宜的。

从药效的角度来理解茶性，从而提出热饮的要求，相比前者是一个提高。在茶艺开始流行之初，人们就认识到茶叶性寒，以热饮为宜。唐代名医陈藏器说茶"饮之宜热，冷则聚痰"，李时珍在《本草纲目》认为"茶苦而寒……最能降火……温饮则火因寒气而下降，热饮则茶借火气而升散"。朱彝尊也说："茶性寒，必须热饮，饮冷茶，未有不成疾者。"事实上也是如此，冷茶喝下去，会觉得脾胃寒凉。人们在日常生活过程中形成的饮茶方式往往都有其合理的成分，南方人在饮用乌龙茶时爱用小壶小杯，这是因为如用大壶泡，一时喝不掉，茶冷下来再喝，脾胃稍弱的人就会觉得腹中不适。有些人认为，学南方人用小壶小杯泡茶是一种迂腐的表现，认为用大茶杯来喝茶更符合普通人的身份，有这样的想法，是因为他们不明白一种饮茶方式的成因和其内在的合理性。不过，饮用时，茶汤也不宜温度过高，有研究表明，长期饮用烫茶与食道癌变有一定的关联性。一般认为，茶汤的温度以不超过60℃为宜。

茶叶传到美国以后，由于美国人爱饮冰水，热腾腾的茶是他们不太习惯的，于是就在茶汤里加冰，冰茶于是逐渐地流行起来。近些年来，中国还开始出现了冷泡茶，在前面的章节中，我们就曾介绍过冷泡茶。但真正称得上颠覆传统热饮观念的当数泡沫红茶。据说泡沫红茶源于几个年轻人的游戏，他们在酒吧间里，在调酒壶装进红茶和冰块，一翻剧烈摇动，倒出来的红茶上便有了厚厚的一层泡沫。泡沫红茶出现之后，很快风靡台湾，然后又传入大陆，成为年轻人的新宠。在西方的酒吧、咖啡馆的冲击下，泡沫红茶为我国传统茶文化拉住了不少年轻人，可以说是功不可没。但泡沫红茶的流行，只能说是因为它迎合了年轻人的口味，在饮用时还是要注意一些问题的。泡沫红茶为追求刺激的口感，用的冰块通常都比较多，甚至有的到了杯外结霜的地步，这对于脾胃虚弱的人，对于老人和小孩，对于处于经期、孕期的女性都是不合适的。对于一些习惯于热饮的人，过冷的泡沫红茶还有可能引起腹痛和腹泻。

三、忌以茶醒酒

白居易有一首诗《萧员外寄新蜀茶》写得很悠然："蜀茶寄到但惊新，渭水煎来始觉珍。满碗似乳堪持玩，况是春深酒渴人。"酒能助诗兴，解忧愁，而茶能解酒，这大概也算是古代文人钟情于茶的一个原因了。人们最初发现茶的时候就发现了它的解酒的功效，汉代张揖《广雅》说茶的功效："其饮醒酒，令人不眠。"但这一功效从古至今一直不被医家提倡。

朱彝尊说："酒后渴，不可饮水及多啜茶。茶性寒，随酒引入肾脏，为停毒之水，令腰脚重坠，膀胱冷痛，为水肿消渴挛躄之疾。"李廷飞认为："大渴及酒后饮茶，水入肾经。令人腰脚膀胱冷痛，兼患水肿挛痹诸疾。"饮酒以后，人体自然的反应是通过肝脏来解毒。而茶的解酒原理是什么呢？前面说过，茶有利水的功效，可以加快人体的水代谢，饮茶以后小便多，这样，人体通过排尿将血液中的酒精带出体外以达到醒酒的目的。通过饮茶醒酒减轻了肝脏的负担，但如此一来却增加了肾脏的负担，长此以往，会造成肾脏的一些疾病。清代名医曹庭栋在《老老恒言》中说："酒后忌茶，恐脾成酒积。"看来，酒后饮茶，不仅伤肾，也伤脾。

四、忌空腹饮茶

在茶的功效里说过，茶可以消食减肥，所以古人常于饭饱之后饮茶，但也是由于茶的这一功效，茶可以降血脂与降血糖，如果空腹饮茶，会造成茶醉。茶醉的感觉是头晕、腿软，与饥饿有点相似，但腹中没有饥饿感。血糖低的人更易发生茶醉的情况，最好不饮茶或饮淡茶。为防茶醉，在饮茶时最好准备一些点心。关于茶与点心的搭配关系，将在下一节中介绍。

饮茶的时机选择相当重要。在饭店用餐时，客人入座后，服务员会很快地上来斟上茶水，当用餐完毕后，服务员又会为客人斟上茶水，如果服务员的动作慢了些，或者是忘了，客人还会提出抗议，还有一些不喝酒的客人会提出以茶代酒。这些是生活当中常见的现象，从饭店服务的角度来说这是规范服务，从客人的角度来看也没什么不妥，但从营养学的角度来说这其实是不正确的。现代营养学研究发现，用餐时间饮茶，会影响食物中的铁元素的吸收。这种影响还与人们的饮食结构有关。素食者食物中的铁元素的含量不高，饮茶的影响就要大些。肉食者就不一样，鱼、肉中的铁元素是以血铁红素的形式存在的，饮茶对这部分铁的影响不大。另外，饭前大量饮茶会冲淡唾液和胃液，这样一来就会使人饮食无味，影响消化，也影响吸收。

五、体弱者忌饮茶

古人说："自茗饮盛后，人多患气，不复病黄，虽损益相半，而消阳助阴，益不偿损也。"认为长期饮茶会耗散阳气，使人身体转弱。这种观点是有一定道理的，尤其在体弱者及老人身上表现得较为明显。对此，苏东坡提出一个折中的办法："每食已，辄以浓茶漱口，烦腻既去，而脾胃不知。凡肉之在齿间者，得茶浸漱之，乃消缩不觉脱去，不烦挑刺也。而齿便漱濯，缘此渐坚密，蠹病自已。然率皆用中下茶，其上者自不常有，间数一日啜，亦不为害也。"他提出的其实是一个以茶健齿的办法，对于喝茶者而言，还是根据自己的身体情况来确定如何饮茶比较好。

从中医的观点来看，年轻人往往身体健壮，火气盛。这样的人饮茶可以起到降火的作用，他自己也会觉得神清气爽。唐代的卢仝在诗中说他饮茶一饮七碗，感觉轻汗发而肌骨清。当时的卢仝正值壮年，喝这么多茶自然会觉得很舒服。老年人往往血气弱而阳气虚，饮茶之后会觉得不是很舒服。宋代的蔡襄是一个茶艺专家，但到晚年就因身体虚弱而不能饮茶了。李时珍在《本草纲目》中也说他自己"早年气盛，每饮新茗，必至数碗……颇觉痛快。中年胃气稍损，饮之即觉为害。不痞闷呕恶，即腹冷洞泄。"

年轻人也有身体虚弱的，老年人也有身体健壮的，是不是适合饮茶，适合饮什么样浓度的茶，还是要根据各人自己的体质情况来看。一般来说，胃气弱的人不宜饮茶，尤其不宜饮浓茶，如胃炎、胃溃疡、反流性食管炎的患者都不宜饮茶。对于心动过速的冠心病患者，常饮茶会促使心跳过快，对病情不利，但对于心动过缓的冠心病患者，适当地饮一点茶，对身体是有好处的。低血压的人群，饮茶也不宜过浓、过多。

女性在经期、孕期和哺乳期时也不宜饮茶。女性在经期因血液的流失会造成身体中铁的缺乏，茶里所含的鞣酸会与食物中的铁结合，影响人体对铁的吸收，导致缺铁性的贫血。有研究表明，每天饮茶量在 4 杯以下的女性，经前综合症的发生率增加了 2 倍，如果每天饮茶超过 4 杯，经前综合症的发生率会增加 9.7 倍。孕期饮浓茶除了会影响营养素的吸收，茶里的咖啡碱还会还会刺激孕妇的神经系统与心血管系统，茶的利尿功能还会增加孕妇的肾脏的负担。茶有收敛的作用，哺乳期的女性饮茶会因此而影响乳汁的分泌，另外，茶中的咖啡碱还可以通过乳汁进入婴儿体内，使婴儿发生肠痉挛，或者使婴儿无故地哭闹。

六、忌饮夜茶

唐代元稹在一首茶诗中说饮茶的时间："夜后邀陪明月，晨前命对朝霞。"前半句说的是饮夜茶，后半句说的是饮早茶，或者干脆就是饮茶饮了一个通宵早晨饮茶，好处多多。睡了一夜的觉，早晨起来，早饭过后，饮一杯茶，的确可以涤除昏昧，但饮夜茶就不妥了。元稹在诗中所咏的是一种非正常的生活状态，一般来说，和尚和道士晚上要打坐，饮茶可用来提神，一些文人雅士也经常在晚上雅聚，茶往往是聚会的主题之一，这样的生活雅则雅矣，但不宜效仿。

现代的都市里，人们的夜生活较多，有相当一些人晚上与朋友在茶楼小聚，饮茶是难免的，但要考虑自己的具体工作情况和身体状况，尽量不要饮浓茶。"夜后邀陪明月"的人第二天早上基本上不容易"晨前命对朝霞"的，所以第二天需要早起的人，如学生、公务员等人最好不要饮夜茶。有些学生晚上学习到很晚，常用茶来提神，这样到第二天早起的时候，人容易变得昏昏沉沉的。茶有提神的功效，晚上饮茶会影响人的睡眠，一些对茶敏感的人，甚至下午喝了茶，晚上就睡不着觉了。老年人尤其不宜饮夜茶，因为老人的睡眠本来就少，饮了茶以后，晚上更是难以入睡，而且老人肾气虚弱，夜里尿多，茶的利尿作用会使老人夜里起得更加频繁，也影响睡眠。

早晨饮茶应在食后，若是起床就饮，在空腹的情况下，会引起茶醉，表现为头晕、乏力等状况。我国很多地方都有吃早茶的习惯，基本上是茶与点心一同吃的，前面说过了，这不是一种科学的饮食方式，但作为民俗，自有其存在的道理。另外，对于早晨饮茶，医生也有不同的意见，曹庭栋在《老老恒言》中引苏东坡的话："若清晨饮茶，东坡谓直入肾经，乃引贼之门也。"人一夜睡醒，才排空小便，还没有进食，如果在这种状态下饮茶肯定是不适合的，曹庭栋的意思大概如此。

七、其他禁忌

儿童饮茶应适度。很多人认为儿童不能饮茶，这种观点不完全正确，一般来说，儿童适量地饮茶有利于身体健康。茶叶中丰富的多酚类物质能消食解腻，促进肠胃蠕动和消化液的分泌。儿童经常出现大便干结的情况，用中医的话来说就是火旺，饮茶有清火的作用，可以缓解这种情况。另外，茶当中所含的多种营养素对于儿童的生长发育也是极为有利的。但是要注意，不要饮浓茶，饮茶的量也不要太多。适量饮茶可以缓解大便干结的情况，但过量饮茶、饮浓茶却是会引起肠胃功能的紊乱。

忌大量饮新茶。许多人以为茶越新越好，但中医认为，刚炒出的茶火气重，多饮易上火。从茶叶中的化学成分来看，新茶，尤其是新的绿茶中含有较多的多酚类及生物碱，对人的消化系统刺激较大，经常饮用容易生成肠胃不适。所以新茶应存放一段时间再饮用。

忌与药物同服。在中医看来，茶本身也是药物，在服药期间，如没有特别医嘱，不宜用茶水来送服药物。这是大多数中国人都知道的常识。

不饮过度浸泡的茶。很多人上班时泡上一杯茶可以一直喝到下班，茶叶浸泡的时间长达 5～6 小时甚至更长。在我国民间有不饮隔夜茶的说法，就是指不饮长时间浸泡的茶。茶叶中所含的成分很多，在短时间浸泡时，浸出的大多是对人体无害的物质，而长时期浸泡后，茶的味道已经没有了，茶叶中的一些有害物质如重金属铅、镉却被浸泡了出来，不利于身体健康。同样的道理，吃茶渣的习惯也是不好的，唐宋时期许多关于饮茶的疾病应和当时的饮末茶的习惯有关。

不要过量的饮用砖茶。砖茶区的人大多是以肉、奶类为主食的，蔬菜的摄入量相对较少，茶既可以起到解腻的作用，还能补充一定的维生素，所以是当地人每日生活所不可缺少的。茶叶中的氟含量本来就高，砖茶的煮饮方式使得人体对氟的吸收也随之提高，所以在我国饮用砖茶的地区，氟中毒的情况很多，尤其是近年以来，藏民中因长期大量饮用含氟的砖茶造成氟中毒的情况屡见报道。氟中毒的人可见氟斑牙、氟骨病等症状，同时还可使肾脏等多种内脏功能受到影响。

忌食茶渣。茶叶当中除了对人体有益的成分，也有相当多的不利于人体健康的元素，如铅等。即使像氟这样的有益的元素，过量摄入也会造成氟中毒。因此，前面说茶叶不宜过度浸泡，不宜过量饮用砖茶。有些人喜欢喝茶时将茶渣一起吃下去，这显然是不妥的。也有些茶馆或饭店将茶叶添加到菜肴与点心中，这固然可以改善食物的风味，但也只能是偶尔尝一下，不能作为日常饮食的惯例。

第三节　茶食搭配

作为饮食文化的重要组成，茶不可避免地要与食发生关系。在早期的茶文化中，茶是饮食合一的，曾有学者就认为中国茶是起源于羹，汉晋时期的茶也称为茗粥，可以想见它的稠度，在煮茶粥时还要加入葱、姜、茱萸、盐等调料，这样煮出来的茶真的很难与菜肴区分开来，在现代的中国还可以找到类似的食法。由于饮茶会造成腹中的饥饿感，而且空腹饮茶还会给健康带来损害，所以茶食就成为很多饮茶场合必不可少的内容。唐宋以后，茶逐渐发展成为独立的饮料，佐茶的食物也逐渐地具有了独特的风格，而且形成了独立的体系。

一、茶食的起源

在唐代以前，茶饮常与饮宴活动联系在一起的，因此筵席上的食物都可以算是广义的茶食了。据《晏子春秋》记载："晏子相齐，衣十升之布，脱粟之食，五卵、茗菜而已。"《古今图书集成·茶部汇考》的对这一故事的记载稍有不同："婴相齐景公时，食脱粟之饭，炙三弋五卵，茗菜而已。"晏子做齐国的相国时饮食非常简朴，每餐就是三只烤禽，五只蛋，还有就是"茗菜而已"。有的版本上是"苔菜"，如果这里茗菜真是指茶叶的话，应该就是煮成羹的茶了。现在没有资料可以证明在晏婴的饮食中，茶与其他的食物已经分出主次来了，因此，作为饮料的茶与佐茶的食物都还处于一个模糊的状态。汉代以后，茶作为饮料的特点已经很明显了，据东汉张楫的《广雅》记载："荆巴间采茶作饼，成以米膏出之，若饮，先炙令色赤，捣末置瓷器中，以汤浇覆之，用葱姜芼之。其饮醒酒，令人不眠。"这里的茶在饮用时有专门的制作流程，有专门的器皿，有专门的功效，很明显地，至少汉代以后，茶是作为饮料存在的。《晋书》记载，东晋的桓温为人性格俭朴，他守扬州时，"每宴惟下七奠，拌茶果而已。"在桓温的宴上，茶已成为代替了酒的主要饮料，其他的食物就可以看作是茶食了。

早期的茶食可分为茶菜与茶果两类。桓温宴上的"七奠"可以算是茶菜了，下面着重介绍一下茶果。

茶果的发展较快，在唐代以前就已经形成了气候。除了前面的桓温，东晋的陆纳在一次招待谢安家筵上，也是"所设唯茶果而已"。从后来的资料看，晋代用来佐茶的果应是各种果品，陆羽《茶经》中引用晋代弘君举的《食檄》："寒温既毕，应下霜花之茗。三爵而终，应下诸蔗、木瓜、元李、杨梅、五味、橄榄、悬豹、葵羹各一杯。"如果"三爵而终"是指喝了三碗茶，这些就是佐茶的，如果"三爵而终"说的是饮酒，这些果品就是用来消食的了。无论如何，《茶经》中的这条资料都可以证明茶果的身份了。因为直接用果品来佐茶，在制作上没有特殊的要求，使得茶果成为最早定形的佐茶食物。

茶菜的发展就要缓慢得多了，但也可以发现一些苗头。晏婴与桓温的宴席上的菜肴并不是专为饮茶而设计的菜肴，这一类的茶菜在荤素与味道上都是很平常的，形式上属于正餐。晋代以后茶菜的内容开始发生了变化，唐代的储光羲曾有一首《吃茗粥作》说："当昼暑气盛，鸟雀静不飞。念君高梧阴，复解山中衣。数片远云度，曾不蔽炎晖。淹留膳茶粥，共我饭蕨薇。敝庐既不远，日暮徐徐归。"诗中的蕨菜与薇菜应可以看作是茶菜。

与储光羲一同用餐的是一位隐士或道士，这样的宗教身份说明了当时茶菜的发展方向。汉晋以后宗教的发展催生了宗教饮食，道教的饮食以保健为目的，称之为"养生服食"，内容除了一些丹药，主要是一些野菜与食用菌；大乘佛教传入中国以后，饮食上参考了道教的做法，提倡素食，而茶与宗教的关系又极为密切，因此，宗教的素食就成为茶菜的主要内容之一，而且，这也成为后来后来茶菜发展的一个重要方向。

除了茶菜与茶果，还出现了茶点的萌芽。《世说新语》中有一则故事："褚太傅初渡江，尝入东，至金昌亭，吴中豪右燕集亭中。褚公虽素有重名，于时造次不相识，别融敕左右多与茗汁，少著粽，汁尽则益，使终不得食。褚公饮讫，徐举手共语云：'褚季野'于是四坐惊散，无不狼狈。"在这里佐茶的是粽子。用粽子一类的食物佐茶好像是南方的风俗，五代时，毛文锡在《茶谱》中记载："长沙之石楠，其树如楠柚，采其芽谓之茶，湘人以四月摘杨桐草，捣其汁拌米而蒸，犹蒸糜之类，必啜此茶，乃其风也，尤宜暑月饮之。"湘人取杨桐草汁拌米蒸糜与当时南方人吃的青精饭相似，时间上与吃粽子的端午节也很接近。我国自汉代以后，面食发展迅速，南齐的武帝曾下诏在他死后灵前不准用牲为祭，"唯设饼、茶饮、干饭、酒脯而已。" 可见在日常饮食中，饼与茶饮应该是经常一起食用的，也可以看作是潜在的茶点。

二、唐代的茶食

唐代茶艺在全国范围内流行，《封氏闻见记》说当时"自邹、齐、沧、棣，渐至京邑城市，多开店铺煎茶卖之，不问道俗，投钱取饮"。而在文人、僧道之间"茶宴"也非常地流行，在这样的背景下，茶食自然也会得到充分的发展，茶果、茶菜与茶点都已初步成形。

（一）茶果

唐代茶果的概念似乎开始发生了变化。白居易《谢恩赐茶果等状》中有这样一段话："今日高品杜文清奉宣进旨，以臣等在院进撰制问，赐茶果梨脯等。"这里他把茶果梨脯并列，应该可以理解为，不是所有的果品都可以充作茶果的。如果是这样的，说明当时人们对于茶与果品的搭配有了新的认识，或者是茶果的概念比以前有了发展，但目前没能找到其他的资料可以佐证。唐代宫庭茶宴中的茶果与民间的相仿，只是用来盛果品的器皿更华丽些。唐代的《宫乐图》就曾描绘了宫中茶道的情景，其中海棠似的小碟中放有核桃仁；而唐代的《宴饮图》中有梨子等水果。唐哀宗李祝《停贡橄榄敕》："每年但供进蜡面茶外，不要进奉橄榄子，永为常例。"晋代弘君举的《食檄》中有以橄榄为饮茶果品的，这里也应是作茶果用。

（二）茶菜

白居易的另一首诗完整的记载了茶宴的饮食内容，《招韬光禅师》："白屋炊香饭，荤膻不入家。滤泉澄葛粉，洗手摘藤花。青芥除黄叶，红姜带紫芽。命师相伴食，斋罢一瓯茶。"这是典型的宗教风格的茶宴，是斋饭与茶的结合，可以说，斋食作为茶食的主要形式已经被大家所接受。后来日本茶道中的怀石料理在中国唐朝的时候就已经成形了。除了白居易诗中的"香饭""葛粉""藤花""青芥""红姜"，茶宴的菜肴还有"甘菊苗"，唐姚合诗《病中辱谏议惠甘菊药苗因以诗赠》："热宜茶鼎里，餐称石瓯中。"是说甘菊苗宜用来佐茶；唐章孝标诗《思越州山水寄朱庆余》："藕折莲芽脆，茶挑茗眼鲜。"是说用新出的莲芽来佐茶；春笋也可佐茶，唐怀素和尚《苦笋贴》："苦笋及茗异常佳，乃可径来。"笋是山中常见的食物，也是山居之人的最爱。

（三）茶点

唐代依然没有出现专门的茶点，但已有很多点心是与茶一同食用的。前面说过，东晋时人们饮茶时用粽子作茶食，唐朝也还是这样。唐玄宗诗云："四时花竟巧，九子粽争新"。粽子是中国的古老食物，唐朝时也常用来佐茶。从玄宗的诗来看，宫廷的粽子花式品种还是比较多的。西域的胡饼也常用来佐茶。宋王谠《唐语林》载郎士元说马镇西不能饮茶，马镇西于是饱餐古楼子之后与郎士元打赌饮茶。古楼子是当时豪门的食物："时豪家食次，起羊肉一斤，层布于巨胡饼，隔中以椒豉，润以酥，入炉迫之，候肉半熟食之，呼为古楼子。"如此油腻的高热量的食物正适合佐茶。唐代的面食制作十分精美，据《清异录·馔馐门》所载的"韦巨源烧尾宴食单"，其中许多点心都是有可能用来佐茶的，如"巨胜奴（酥蜜寒具）、婆罗门轻高面（笼蒸）、七返膏（七卷作圆花，恐是糕子）、水晶龙凤糕（枣米蒸。方破，见花，乃进）、玉露团（雕酥）"等，从名称上看就是很美观的（图7-1）。图7-2是五代时顾闳中所绘的《韩熙载夜宴图》，图中食桌上有果品，好像是柿子和一些干果，还有点心、茶碗、水注，但唯独没有夹菜用的筷子，所有的食物都用手取，因此，韩熙载的夜宴不是酒宴，而应该是茶宴。无论是韦巨源食单中的面食还是韩熙载夜宴中的茶食，都是属于贵族风格的。

图 7-1　新疆出土的唐代点心

图 7-2　韩熙载夜宴图

三、宋元的茶食

宋代的茶食市场尤其发达，除了有唐朝时常见的茶肆，还有了新型的分茶酒店以及各式休闲茶坊，此外还有了专门的茶食供应行业和专门的茶服务业，这都是唐朝所没有的新生事物。宋代的茶食是一个高峰，制作精美，但是这些茶食与茶的关系也变得模糊，茶食在茶宴中的应用越来越多，但在多种场合中也经常被使用。

（一）茶果

唐及以前的茶果的概念有点模糊，用来佐茶是无疑的，但是不是所有的果品都可以作茶果呢？应该不是，否则的话就不会有专门的茶果一词了。唐末到宋朝，茶果的概念开始变得清晰一些了。从前面提到的《韩熙载夜宴图》的情况来看，果品包括水果、干果，可能还有一些蜜饯。宋朝的蜜饯业是很发达的，在南宋时的饮食市场上出现了专门的"蜜煎局"，据史料记载，"掌簇钉看盘果套山子，蜜煎像生寨儿。"这些"蜜煎"除了用来开胃下酒，也用来佐茶。还有"果子局，掌装簇钉盘看果、时新水果、南北京果、海腊肥脯、鹜切、像生花果、劝酒品件。"这些果品在一些较为正式的场合常常用绸缎、金丝等装饰好，然后按照一定的图案拼装起来，称为看果。即使到了今天，在江西、湖南等地依然可见雕花蜜饯（图7-3）。宋朝的宋庠有一首《明堂宿斋赐贡茶珍果上樽御膳》这样写道："吴包瑞果金衣润，闽焙春团宝月盈。"可见当时这种包装精美的果品确实可以用来佐茶。普通人家饮茶用茶果就简单了，不需要饾钉起来，如陆游《七月十日到故山削瓜瀹茗翛然自适》诗中所写的饮茶的情景："瓜冷霜刀开碧玉，茶香铜碾破苍龙。"陆游在诗中没说是什么瓜，但从时间上来看，应为西瓜、甜瓜之类。据《武林旧事》载，宋代的果子有"熬木瓜、糖脆梅、破核儿、查条、桔红膏、荔枝膏、韵姜糖、花花糖、二色灌香藕、糖豌豆、栗黄、乌李"等，足可用来佐茶了。另外，在宋朝时，果子不仅指果品，也包括一些面制食品，这些将放在茶点中介绍。

图7-3　江西、湖南等地的雕花蜜饯

（二）茶菜

茶菜在宋代渐渐地与普通菜肴合流了，这种合流是宋代茶文化发展的结果。宋代茶文化的娱乐性较强，常常与酒宴结合在一起，在当时的饮食市场上出现了以分茶为名的饮食店。《梦粱录》："凡分茶酒肆，卖下酒食品……凡点索茶食，大要及时。" 分茶店的性质与现代的茶餐厅相类似，茶菜也大都由简便的酒菜转变而来。《梦粱录》记载分茶酒肆的菜肴有三百多种，海产的有"海鲜头食""蛤蜊淡菜""淡菜脘""海腊""海鲜脘"；淡水产的有"油炸春鱼""炒鳝""芥辣虾""酒烧香螺""酒烧江瑶""酥骨鱼"；家禽类有"鸡脆丝""五味焙鸡""鹅粉签""绣吹鹅""糟鹅什件""揎小鸡";家畜类有"鼎煮羊""酒蒸羊""熬肉蹄子""炝腰子""细抹羊生脍"等。在同书的"面食店"一节中也收录了很多的茶菜。面食店是与分茶酒肆不一样的茶店,分茶酒肆"诸店肆俱有厅院廊庑,排列小小稳便阁儿,吊窗之外,花竹掩映,垂帘下幕",显然是一个休闲的场所,面食店"乃下等人求食麤饱,往而市之矣",是一个下等人聚集的地方。

(三)茶点

宋代出现了点心一词,这与点茶法的流行有关,是点茶时放在茶杯中间的小食品(图7-4)。这对后世的影响极大,自明清以后,几乎所有无汤的面食都可以称为点心。宋代的放入茶杯中间的点心可能是一种食物,也可能是多种,梅尧臣《七宝茶》中提到"七物甘香杂蕊茶",这是在杯中放了七种食物的。《梦粱录》说:"冬月添卖七宝擂茶、馓子"这里的七宝擂茶应该就是七宝茶,一般是在冬天出售,馓子应是佐茶之用。放入杯中的点心大多是些干果,宋朝的赵希鹄认为:"茶有真味有真香,不宜投以杂果。如核桃、榛、栗之类亦可用。"在茶中添加干果的做法在元朝较为流行,王祯《农书》:"茶之用,胡桃、松实、脂麻、杏、栗任用,虽失正味,亦供咀嚼。"元朝的倪瓒在此基础上设计了一款"清泉白石茶",可说是名符其实的点心:"元镇素好饮茶,在惠山中用核桃松子肉和真粉成小块,如石状,置茶中,名曰清泉白石茶。"

图7-4 宋代流传下来的点心定胜糕

茶点中更多的是各种面食。据《钦定重订金国志》记载:"婿纳币,皆先期拜门,戚属偕行,以酒馔往……酒三行,进大软脂、小软脂,如中国寒具。次进蜜糕,人各一盘,曰茶食。宴罢,富者瀹建茗,留上客数人啜之,或以粗者煎乳酪。"南宋的面食与北方的风格大不同。分茶店里供应的有"三鲜面、鱼桐皮面、盐煎面、三鲜棋子、虾鱼棋子、丝鸡淘"等，荤素从食店里则有各种馒头、包子、粽子、圆子等。普通的分茶店及从食店的服务对象是普通的百姓，果子局里的一些精美点心则是士大夫们茶宴上的主角，有"天花饼、望口消、桃穰酥、饧角儿、甘露饼、玉屑糕"等，名称看上去就很诱人。

四、明清时期的茶食

明清朝时的茶食在继承前代的基础上又有所发展，茶食的概念开始变得明朗，明朝宋诩的《竹屿山房杂部》中详细地列出了当时的茶果与茶菜。

（一）茶果

明朝人所说的茶果就是各样果品，《竹屿山房杂部》中的茶果有："栗肉（炒熟者，风戾者皆去皮壳）、胡桃仁（钳去壳，汤退去皮）、榛仁（击去壳，汤退去皮）、松仁（击去壳，汤退去皮）、西瓜子仁（槌去壳，微焙）、杨梅核仁（槌去荚）、莲心（去壳微焙）、莲茵（鲜者剖去皮壳，干者水浸去薏或煮熟）、乌榄核仁（汤退去皮）、人面核仁、椰子（剖用肉切）、橄榄（《太平广记》曰：南威银石器捣取汁）、银杏（烧熟去皮壳）、梧桐子仁（剪去壳）、芡实（煮熟，钳剥其肉）、菱实（鲜者去皮壳，风戾者煮熟去皮壳）。"明代是团饼茶与散茶换代的时候，茶果的用法也在发生着改变，一方面人们沿用宋元点茶的做法，将茶果放在茶水中，另一方面，又觉得这些果品的香气影响了茶的清香。于是越来越多的人倾向于取消茶果，至少也要限制茶果的使用。陈师在《茶考》中认为："（撮泡法）殊失古人蟹眼鹧鸪斑之间，况杂以他果，变有不相入者，味平淡者差可，如薰梅、咸笋、腌桂、樱桃之类，尤不相宜……予每至山寺，有解事僧烹茶如吴中，置瓷壶二小瓯于案，全不用果奉客，随意啜之，可谓知味而雅致者矣。"可见，他反对的不是撮泡法，而是用茶果来佐茶。屠隆《考槃余事》的意见与陈师相仿，并且对宜茶与不宜茶的茶果进行了区分，他说："茶有真香，有真味，有正色。烹点之际，不宜以珍果香草夺之。夺其香者，松子、柑橙、木香、梅花、茉莉、蔷薇、木樨之类是也。夺其味者，番桃、杨梅之类是也。凡饮佳茶，去果方觉清绝，杂之则无辨矣。若必曰所宜，核桃、榛子、杏仁、榄仁、菱米、栗子、鸡豆、银杏、新笋、莲肉之类，精制或可用也。" 明代的程用宾、罗廪等也持此观点。清人茹敦和在《越言释》中记载："点茶者，必于茶器正中处，故又谓点心。此极是杀风景事，然里俗以此为恭敬，断不可少。岭南人往往用糖梅，吴越则好用红姜片子，无所不可。其后杂用果色，盈杯溢盏，略以瓯茶注之，谓之果子茶，已失点茶之旧矣。渐至盛筵贵客，累果高到尺余，又复雕鸾刻凤，缀绿攒红，以为之饰，一茶之值，乃至数金，谓之高茶，可观而不可食，虽名为茶，实与茶风马牛。"由此可见，虽然很多茶人不赞成，但作为一种民俗，用茶果来点茶的做法在民间一直流行，而且还保留了宋朝华丽的饾饤看果的做法。图 7-5 所示的大理雕梅，从宋代一直流传至今。

图 7-5　大理雕梅

（二）茶菜

《竹屿山房杂部》中的茶菜有："芝麻（水浸，捣去皮，焙燥，扬洁，汤煮）、胡荽（用头腌泡）、莴苣笋干（宜芝麻）、豆腐干（煮软，宜芝麻、胡荽）、芹白（腌，宜胡桃仁）、竹笋豆豉、蒌蒿干（宜芝麻）、木蓼干（宜芝麻）、香椿芽（微焯，宜芝麻，干同）、竹笋（鲜者带箨焯，加少盐。《笋谱》曰：'脱壳煮则失味。'咸干者宜芝麻）、鸡棕（宜胡桃、榛、松仁）、龙须菜（微焯）、扁豆（焯熟，去皮壳，宜芝麻）、豇豆（肥稚者壳兼微焯干）、羊角豆（稚者，兼壳焯熟）、刀豆（老者焯熟，去皮壳）、天茄（稚者）、萱（用芽跗同少盐焯）、箭干菜（腌，胡桃仁宜）、丝瓜（去皮，同少盐微焯）、金雀蕊（同少盐微焯干）、胡萝卜（宜胡桃仁、熟栗肉、熟葱白、腌胡荽、芝麻）、乳饼（热汤泡刀切，以淡酒少清，宜胡荽）。"明朝人对于茶菜的看法与茶果类似，也是以清淡为主，而且与唐代白居易《招韬光禅师》中所描写的茶菜风格如出一辙。茶食中相当一部分来自于寺院道观，是僧、道的日常饮食，由于宗教对俗世的影响，这些茶食在民间也很常见，只是品种没有这么多，也不像士大夫的茶食这么精致。民间的茶食中还常用荤食，如扬州镇江一带用来的佐茶的肴肉等。

（三）茶点

明清时的茶点的概念相比唐宋时更加模糊。由于散茶撮泡法的流行，饮茶变得更加便捷，在这种背景下，几乎所有的点心都被称为茶点，茹敦如《越言释》记载："种种糕糍饼饵，皆名之为茶食。"在实际应用时，普通百姓对于点心与茶之间的搭配关系也越来越不讲究，但对于喝茶必须有点心这一点是相当讲究的，清代艾衲居士《豆棚闲话》中的一个故事片段真实地记载了当时的这一民俗："那老成人说道：这段书长着哩，你们须烹几大壶极好的松萝芥片，上细的龙井芽茶，再添上几大盘精致细料的点心，才与你们说哩。"宫廷饮茶也是这样，清人吴振棫《养吉斋丛录》载："（茶宴）乾隆癸亥后，皆在重华宫，列坐左厢，宴用盒果、杯茗。御制诗云：盘钉饾馐可侑茶。纪实也。"相对于普通的饮食场合，饮茶还是十分讲究趣味的，相应的，茶点也应该是非常精致的，从这一点来说，茶点与普通点心还是有区别的。这一时期出了很多著名的茶点，据徐珂在《清稗类钞》中记载，朝隆末叶，江宁茶肆的茶点有："酱干、酥烧饼、春卷、水晶糕、烧卖、饺儿、糖油馒首，叟叟浮浮，咄嗟立办。"上海的广东人开的茶馆里"侵晨且有鱼生粥，晌午则有蒸熟粉面、各色点心，夜则有莲子羹、杏仁酪"。还有，在清代袁枚的《随园食单》中也收录了很多精美的点心，以江浙一带居多，如"竹叶粽"："取竹叶裹白糯米煮之，尖小如初生菱角。""萧美人点心"："仪真南门外萧美人善制点心，凡馒头、糕饺之类，小巧可爱。""陶方伯十景点心"："陶方伯夫人手制点心十种，皆山东飞面所为，奇形诡状，五色纷披，食之皆甘，令人应接不暇。"

五、古代茶食的发展轨迹

从前面的叙述可见，自有饮茶始，就有了与茶搭配的食物，一开始，茶食与普通的食物没有什么区别，但随着饮茶成为一种文化现象，尤其是唐宋以后茶艺的发展，也由于唐宋时期经济的发展，茶食也变得越来越丰富。南宋时，径山茶宴传入日本，随同茶宴一同传过去的还有茶食，后来发展成为日本风格的茶食——怀石料理，也称为茶怀石。图7-6所示的日本的怀石料理与明代茶食的风格十分类似，而我国的茶食却一直就没有发展成专门的饮食类别。明朝以后，出现了专门为饮茶准备的茶食，但是没有成为茶食的主流。在大众的俗文化里，茶食更成了各种点心，甚至是速食的一个代称，比如宋代的"分茶"就有这个含义。可以说，到明代为止，我国的茶食是向两个方向发展的，一个是士大夫趣味的雅文化方向，一个是平民百姓的俗文化方向。由于中国的茶文化自明清以后日益向俗文化的方向发展，平民百姓的大众化茶食也就成为茶食中的主流了。

图 7-6　日本的怀石料理

六、现代茶食

　　现在国内的茶点也是品种繁多，根据地域的不同而有所不同。福建省的闽南地区和广东省的潮汕地区喜饮功夫茶的人很多，泡功夫茶讲究时，讲究佐助小点心。这些小点心通常外形雅致，味道可口，大的不过如小月饼一般，有绿豆蓉的馅饼；有椰蓉作的椰饼；有金黄如月的绿豆糕；有台湾产的肉脯、肉干；还有闽南特色的芋枣等；另外还有各种膨化食品及蜜饯。这些地区的人们无论时平时在家，还是客人来访，都会端上茶水和茶点，或自酌自饮，或相互交流，通过茶点来打发时光，增进友谊。

　　除闽南和潮汕地区外，南方茶馆具有代表性的就属广东早茶了。广东早茶其实是以品尝点心、小吃为主，以品茶为辅的一种茶饮习俗，现在广东的早茶已风靡全国。图 7-7 与图 7-8 是两款极受欢迎的广式茶点。广式茶点大都小巧精致，如虾饺、蛋挞、牛肉丸以及各式小菜，另外早茶中茶点之多，让人数不胜数，口味有甜有咸，服务独特，人们可以各取所好。在我国的江、浙、沪地区，人们佐茶的点心多为包子、饺子、烧卖等，而小吃有肴肉、茴香豆、茶干及茶叶蛋等。扬州的茶食与茶肆在清代就很有名，现代的扬州虽然已经没有了古时的茶风，但茶点的制作依然精美，还能看到鼎盛时期扬州奢华的茶文化之一斑。图 7-9 ～图 7-11 是扬州著名的传统茶点。

　　与此对应，北方的茶馆就是另一番景象。在老北京茶馆的种类多为大茶馆、书茶馆、棋茶馆、野茶馆等。与南方茶馆有所不同，老北京的清茶馆较少，而书茶馆却很流行，在那里人们品茶只是辅助性的，听评书才是主要的，所以品茶时的茶点多为瓜子等。过去，北京有一种茶馆叫"红炉馆"，其茶点是受清朝宫廷文化影响，茶馆设有烤饽饽的红炉，做的多是满汉点心，小巧玲珑。比如北京的艾窝窝、蜂糕、排叉、盆糕、烧饼。顾客可边品茶，边品尝糕点。另外，老北京还有一种叫"二荤辅"的，是一种既卖清茶，又卖酒饭的铺子，其菜可由店铺做，也可由顾客自带，所以取作"二荤"。

图 7-7　蚝油凤爪

图 7-8　虾饺

图 7-9　五丁包子

图 7-10　千层油糕

图 7-11　双色松糕

　　此外，少数民族风味茶也常带有茶点。藏族人在饮酥油茶和奶茶时总要吃糌粑，那是一种用青稞麦炒熟后磨成的面做成的食品，这也是藏族人的主食。

　　如果看看西方人的茶点，不得不提到的就是——英国的午茶。传统英式午茶总是在三层银盘上摆满了令人食欲大开的佐茶点心，一般而言，有着三道精美的茶点：最下层，是佐以熏鲑鱼、火腿、小黄瓜和蛋黄酱的条形三明治；第二层则放英式圆形松饼搭配果酱或奶油；最上层则是放置时节性的水果塔。另外，午茶的茶点还可以有松饼、三明治、水果塔及欧式小点中以细致爽口著名的玛德莲蛋糕、醇厚香郁的起士蛋糕、苏格兰蛋糕、法式猫舌饼或可丽饼、各式手制饼干、千层派、巴黎圈等。此外热腾腾的各式酥盒、香烤煎饼，还有沁凉香郁的冰激凌都是午茶最佳的良伴。图7-12是西式饮茶时配食的奶黄酥，相对于中式茶点，西式茶点大都是甜食。

　　至于茶食与茶在口味上的搭配，茶艺圈里有一个说法：甜配绿，酸配红，瓜子配乌龙。这种说法也不是绝对的，可作饮茶时的参考。

图7-12　奶黄酥

本章小结：

　　饮茶的宜忌有两个方面，一是中医的观点，二是现代医学的观点。中医所说茶的药用功效是从茶寒凉甘苦的性味出发的，理解了这点，就可以理解中医所说的茶的功效。现代医学所说的茶的功效是建立在实验数据的基础之上的，其中部分功效可以与中医互相参照，还有部分是中医观点不能解释的。茶与食物的搭配一部分可以用茶的药用功能来解释，而更多的是要从文化上来理解的。本章是从茶食发展的历史出发，来分析历代茶食搭配的特点。

思考题

1. 茶为什么可以减肥?
2. 茶的美容功效都包括哪些内容?
3. 为什么不宜渴冷茶?
4. 为什么以茶解酒是不合理的?
5. 说说茶食发展的简要历程。

参考文献

[1] 陈彬藩 . 中国茶文化经典 [M]. 北京：光明日报出版社，1999.

[2] 陈宗懋 . 中国茶经 [M]. 上海：上海文化出版社，1992.

[3] 吴觉农 . 茶经述评 [M]. 北京：中国农业出版社，2005.

[4] 裘纪平 . 茶经图说 [M]. 杭州：浙江摄影出版社，2003.

[5] 宋伯胤 . 品味清香：茶具 [M]. 上海：上海文艺出版社，2002.

[6] 胡小军 . 茶具 [M]. 杭州：浙江大学出版社，2003.

[7] 中国茶叶博物馆 . 图说中国茶艺 [M]. 杭州：浙江摄影出版社，2005.

[8] 唐存才 . 茶与茶艺鉴赏 [M]. 上海：上海科学技术出版社，2004.

[9] 林治 . 中国茶艺 [M]. 北京：中华工商联合出版社，2000.

[10] 王存礼，姚国坤 . 实用茶艺图典 [M]. 上海：上海文化出版社，2000.

[11] 阮浩耕，王建荣，吴胜天 . 中国茶艺 [M]. 济南：山东科学技术出版社，2004.

[12] 黄安希 . 乐饮四季茶 [M]. 北京：三联书店，2004.

[13] 鸿宇 . 说茶之日本茶道 [M]. 北京：北京燕山出版社，2005.

[14] 乔木森 . 茶席设计 [M]. 上海：上海文化出版社，2005.

[15] 施海根 . 中国名茶图谱 [M]. 上海：上海文化出版社，1997.

[16] 石昆牧 . 经典普洱 [M]. 北京：同心出版社，2005.

[17] 林治 . 铁观音 [M]. 北京：中国商业出版社，2005.

[18] 文基营 . 红茶帝国 [M]. 武汉：华中科技大学出版社，2016.

[19] 丁辛军，张莉 . 红茶品鉴 [M]. 南京：译林出版社，2014.

[20] 朱永兴，Hervé Huang. 茶与健康 [M]. 北京：中国农业科学技术出版社，2004.

[21] 邱庞同 . 中国菜肴史 [M]. 青岛：青岛出版社，2001.

[22] 徐震堮 . 世说新语校笺 [M]. 北京：中华书局，1984.

[23] （明）张岱 . 陶庵梦忆西湖梦寻 [M]. 北京：作家出版社，1996.

[24] （宋）孟元老 . 东京梦华录 [M]. 北京：中华书局，1982.

[25] （清）夏曾传 . 随园食单补证 [M]. 北京：中国商业出版社，1994.

致 谢

本书在写作过程中得到了许多同行的关心与支持，为我提供了不少资讯及学习的机会。在编写时参考了许多前人的研究成果，其中的大部分列在参考文献中，可以说，如果没有这些成果，本书的写作将是非常艰难的。书中有很多图片，为本书增色不少。有些图片，当初收集时因自己疏漏，现在已经无法找到来源，如有作者发现自己的作品被用了，请与我联系，一定付上薄酬。

感谢每一位帮助过我、批评过我的朋友与读者，感谢编辑辛苦认真的工作。

编者

备器

潮汕功夫茶艺
——备器

茶人

高注

潮汕功夫茶艺
——高注

茶席赏析 1

茶席赏析 2

茶席赏析 3

茶挂赏析 1

茶挂赏析 2

茶室布置

韩国茶礼